Spindler · RUNDFUNKEMPFANG IM AUTO

RUNDFUNKEMPFANG IM AUTO

Eberhard Spindler

Geräte
Antennen
Entstörung

6., durchgesehene
Auflage

VEB VERLAG TECHNIK BERLIN

Spindler, Eberhard:
Rundfunkempfang im Auto : Geräte, Antennen, Ent-
störung / Eberhard Spindler. – 6., durchges. Aufl.
– Berlin : Verl. Technik, 1987. – 168 S. : 154 Bilder,
9 Taf. & 7 Beil.
ISBN 3-341-00239-1

ISBN 3-341-00239-1

6., durchgesehene Auflage
© VEB Verlag Technik, Berlin, 1988
Lizenz 201 · 370/109/88
Printed in the German Democratic Republic
Lichtsatz: (140) Druckerei Neues Deutschland, Berlin
Offsetdruck und buchbinderische Verarbeitung:
IV/10/5 Druckhaus Freiheit Halle
Lektor: Ing. Oswald Orlik
Einband: Kurt Beckert
LSV 3532 · VT 3/4098-6
Bestellnummer: 553 213 1
01450

Vorwort

Die zunehmende Verkehrsdichte auf unseren Straßen und der immer stärker werdende Urlauberstrom ins Ausland stellen an den einzelnen Kraftfahrer und vor allem an die Verkehrspolizei immer größer werdende Anforderungen. In der Urlaubssaison werden Verkehrsflüsse vom Hubschrauber aus beobachtet, um den an den Straßen stationierten Polizeiposten über Funk Hinweise zur Verkehrslenkung geben zu können. In den Spitzenzeiten des Wochenend- und Urlaubsverkehrs gibt die Verkehrspolizei über den Rundfunk Informationen über Verkehrsstauungen, Umleitungen, Gefahrenstellen usw., um den Straßenverkehr flüssig und möglichst unfallfrei zu gestalten. Diesen Bemerkungen ist zu entnehmen, daß der Autosuper nicht nur der Unterhaltung auf einer eintönigen Fahrt dient, sondern auch zur Information über das Verkehrsgeschehen beiträgt. Der Rundfunkempfang im Auto weist gegenüber dem stationären Empfang einige Besonderheiten auf, z. B. die während der Fahrt auftretenden starken Feldstärkeschwankungen, der ständige Wechsel vom Versorgungsbereich des einen Senders in den eines anderen Senders und der Empfang über größere Entfernungen. Hinzu kommt, daß sich die Empfangsanlage in einer stark störverseuchten Umgebung befindet (im Kraftfahrzeug mit seinen vielen Störquellen) und der Verwendung einer elektrisch hochwirksamen Antenne aus Gründen der mechanischen Stabilität und vor allem der Verkehrssicherheit Grenzen gesetzt sind.

Der Besitzer eines Autosupers muß, wenn er seinen Empfänger optimal nutzen will, einige Kenntnisse über den zweckmäßigsten Einbau und den Betrieb des Geräts, über die Antennenanlage und über die Entstörung des Kraftfahrzeugs besitzen, die dem Benutzer eines stationären Rundfunkgeräts nicht abverlangt werden.

Das vorliegende Buch vermittelt dem fachlich nicht vorbelasteten Leser all das Wissen, das er über die Besonderheiten des Rundfunkempfangs im Auto, die Montage des Autoempfängers und der Antenne, das Angebot an Autoempfängern und -antennen sowie über die Entstörung des Kraftfahrzeugs haben muß. Auch Randprobleme, wie der Fernsehempfang im Kraftfahrzeug, der Rundfunk- und Fernsehempfang im Wasserfahrzeug und Wohnwagen werden berührt.

Die in diesem Buch behandelte Technik unterlag in den letzten Jahren — auch wegen des großen Interesses und Bedarfs — besonders auf der Geräteseite einer umfassenden Weiterentwicklung. Dieser Tatsache mußte in einer neuen Auflage Rechnung getragen werden. Die betroffenen Abschnitte wurden völlig neu bearbeitet und spiegeln nunmehr den neuesten technischen Stand wider. Weiterhin wurden auch Ergänzungen, z. B. bei Antennen, vorgenommen und spezielle Hinweise auch für die an Bedeutung gewinnende Technik für Wohnwagen neu aufgenommen.

Im Interesse der Allgemeingültigkeit der Aussagen wurden gegenüber den vorhergehenden Auflagen auf detaillierte Gerätebeschreibungen weitgehend verzichtet und nur beispielhafte Illustrationen verwendet.

Um den Leser über interessante aktuelle Angebote zu informieren, wurde ein entsprechender Anhang neu gestaltet. Diese Problematik ist jedoch in einem Fachbuch aufgrund langjähriger Erscheinungszeiträume nicht aktuell lösbar, so daß dabei die speziellen Hinweise unbedingt zu beachten sind.

Die Erfahrungen zeigten, daß dieser Weg günstig ist und aktualisiert fortgesetzt werden kann. In dieser Form sind nun auch die sich ständig ändernden Einbau- und Entstörhinweise behandelt, die letztlich auch nur ergänzenden Charakter zu den allgemeinen Ausführungen haben können (Tafeln 12.1 und 12.2 in der Lasche am Schluß des Buches).

Den Herstellern der in diesem Buch beschriebenen Geräte und Anlagen danke ich an dieser Stelle für die Überlassung von Unterlagen, Bildern und Mustern. Die dargestellten und beschriebenen Geräte, Antennen und Bauteile dienen als charakteristische Beispiele. Das Angebot der Industrie bzw. des Handels unterliegt einer ständigen Veränderung, ohne daß es dabei einer Veränderung der Beispiele bedarf. Bei der Beschaffung muß man sich daher ausschließlich auf das jeweilige Angebot des Handels bzw. das verfügbare Material der Hersteller stützen. Das Angebot ist sehr umfangreich – auch Importe sind zu beachten –, Äquivalenttypen und andere Varianten sind in großer Vielfalt vorhanden. Für Anregungen zu Ergänzungen und Verbesserungen, die mich über die Anschrift des VEB Verlag Technik erreichen, bin ich jederzeit dankbar.

Eberhard Spindler

Inhaltsverzeichnis

1. Einleitung

Die Elektronik beginnt sich auch in der Kraftfahrzeugtechnik in zunehmendem Maß durchzusetzen. Man spricht über elektronische Zündung, elektronische Blinkgeber, ja sogar über computergesteuerte Ottomotoren. Nicht vor allem die Technik ist es, die dem Einsatz der Elektronik in der Kraftfahrzeugtechnik gegenwärtig noch Grenzen setzt, sondern die Ökonomie. Elektronische Einrichtungen sind z. T. noch wesentlich teurer als die „klassischen" mechanisch-elektrischen, und darum findet man sie nur – als Sonderausstattung – in Fahrzeugen der höheren Preisklasse oder in Wagen, mit denen Rennen oder Rallyes gefahren werden.

Die Entwicklung des Transistors führte jedoch zu einem außergewöhnlichen Aufschwung der „Unterhaltungselektronik" im Kraftfahrzeug. Sie ermöglichte die Konstruktion von raumsparenden und preisgünstigen Rundfunkempfängern mit geringem Stromverbrauch, die für die Verwendung im Auto nahezu optimal sind. Man findet auch Kassettengeräte und sogar Fernsehempfänger für das Kraftfahrzeug im Angebot.

Das Spektrum der angebotenen Geräte erstreckt sich von kleinen Geräten und Taschenempfängern über Geräte der Mittelklasse mit guter Leistung bis zu hochleistungsfähigen Universalgeräten und speziellen Autosupern mit beachtlich hohem Komfort. Je nach Preisklasse sind die Geräte mit einem, zwei oder allen in Frage kommenden Wellenbereichen ausgerüstet. Gewisse Bedeutung kommt den universell einsetzbaren Rundfunkgeräten (Portables) zu. Diese hochleistungsfähigen Koffergeräte kann man zu Hause, im Hotel und beim Camping sowie unterwegs in Verbindung mit besonderen Halterungen im Auto betreiben. Diese Geräte erfüllen alle Ansprüche, die man an ein Zweitgerät stellen kann. Außerdem gibt es „Weltempfänger" mit einem Höchstmaß an Aufwand und Leistung, die besonders den Anforderungen auf weiten Reisen gerecht werden. Solche Empfänger haben bis zu 13 Wellenbereiche.

Die größte Bedeutung für den Rundfunkempfang im Auto haben jedoch aus Gründen der Raumeinsparung und der Empfangseigenschaften die fest eingebauten Autosuper und daneben die speziellen Universalempfänger mit Autohalterung. Plattenspieler im Auto konnten sich nicht durchsetzen. Dagegen erfreuen sich Tonbandgeräte zunehmender Beliebtheit. Da die Bedienung der üblichen Tonbandgeräte wegen des begrenzten Raumes im Auto relativ schwierig und während der Fahrt sogar praktisch unmöglich ist, haben die modernen Kassettengeräte besondere Bedeutung erlangt.

Der heutige Stand der Technik bietet ohne weiteres die Möglichkeit des Fernsehempfangs im Auto. Es sind jedoch einige Voraussetzungen zu erfüllen, die der Sicherheit im Straßenverkehr dienen. So sind in einigen Ländern bereits Gesetze in Kraft, nach denen von vornherein die Möglichkeit ausgeschlossen sein muß, daß der Fahrer den Bildschirm während der Fahrt betrachten kann. Darum darf ein Fernsehgerät nur hinter den vorderen Sitzen angebracht werden. Der Fernsehempfang im stehenden Auto, z. B. auf dem Campingplatz und bei Wartezeiten, ist meist nicht besonders problematisch. Während der Fahrt spielen aber die begrenzte Reichweite der Fernsehsender und der Einfluß des Geländes eine wichtige Rolle.

Der Rundfunkempfänger im Auto hat für die Touristik besondere Bedeutung. Während der Urlaubszeit ist er oft die einzige Brücke, über die Informationen aus dem Heimatland übermittelt werden können. Wegen der großen Entfernungen, die vielfach zu überwinden sind, benötigt man nicht nur ausreichend leistungsfähige Empfänger und Antennen, sondern auch Kenntnisse über die Empfangsmöglichkeiten. Man hat in jedem Fall mit wesentlich geringeren Feldstärken der Lang- und Mittelwellensender gegenüber den aus der Heimat gewohnten zu rechnen. Gleichzeitig nehmen die Störungen zu. Der Empfang mit üblichen Ferrit-, Teleskop- oder Autoantennen ist meist ungenügend. Mit Zusatzantennen aus wenigen Metern Draht ist fast immer eine wesentliche Verbesserung des Empfangs möglich.

UKW-Empfang ist in größerer Entfernung im allgemeinen überhaupt nicht möglich. Am besten geeignet für den Rundfunkempfang im Ausland sind die Kurzwellenbereiche. In Europa hat das 49-m-Band besondere Bedeutung. Deshalb wird es oft als Europaband bezeichnet. In fast allen Empfängern ist es als über die ganze Skale gespreizter Kurzwellenbereich vorhanden. Auch beim Kurzwellenempfang im Ausland kann eine Zusatzantenne aus wenigen Metern Draht den Empfang wesentlich verbessern.

Zum Empfang von Rundfunksendern aus anderen Kontinenten ist das 49-m-Band nicht geeignet. Hierfür kann man den Bereich vom 13-m-Band bis zum 31-m-Band benutzen.

Zur Vermittlung der Grundkenntnisse über die Empfangsmöglichkeiten von Rundfunk- und Fernsehsendungen wird nachfolgend kurz auf die Technik der drahtlosen Übermittlung von Nachrichtensignalen eingegangen. Jede beliebige Nachricht (Sprache, Musik, Fernsehbild) kann man in elektrische Signale umsetzen, die über Leitungen bzw. Kabel übertragen werden können. Zur Aufnahme von Sprache und Musik verwendet man Mikrofone, und zur Aufnahme von Bildern werden Fernsehkameras verwendet.

Wenn man nun elektromagnetische Schwingungen mit hoher Frequenz (sog. Hochfrequenz) in einem Sender erzeugt und mit Hilfe einer Sendeantenne abstrahlt, so breiten sich die Schwingungen drahtlos aus. Man kann sie mit einer Empfangsantenne aufnehmen und in einem Empfänger verstärken. Diese Eigenschaft der Hochfrequenz macht man sich bei der Nachrichtenübertragung zunutze. Man prägt die von den Mikrofonen abgegebenen niederfrequenten bzw. die von den Fernsehkameras gelieferten videofrequenten Signale der Hochfrequenz im Sender auf; man „moduliert" also die Hochfrequenz. Im Empfänger werden die Signale demoduliert und dann mit Hilfe eines Lautsprechers in Sprache und Musik oder mit Hilfe einer Bildröhre in ein Bild zurückverwandelt. Damit ist die Nachricht übertragen.

Beim Rundfunk und Fernsehen verwendet man zwei Modulationsarten: die Amplitudenmodulation (AM), bei der die Amplitude der Hochfrequenz im Takt des zu übertragenden Signals verändert wird, und die Frequenzmodulation (FM), bei der die Frequenz der Hochfrequenz im Takt des zu übertragenden Signals verändert wird (Bild 1.1). Die Amplitudenmodulation wird bei Rundfunksendungen im Lang-, Mittel- und Kurzwellenbereich und bei Bildsendungen im Fernsehrundfunk angewendet. Die Frequenzmodulation verwendet man beim UKW-Hörrundfunk und bei der Tonübertragung des Fernsehrundfunks.

Die Amplitudenmodulation benötigt eine geringe Bandbreite und ist relativ störanfällig. Die Frequenzmodulation erfordert eine große Bandbreite und ist

Tafel 1.1. Frequenzen und Wellenbereiche für Rundfunk und Amateurfunk in den verschiedenen Regionen bis zu Frequenzen von 1 GHz

Benutzung der Frequenzen durch	Frequenzbereich				Bezeichnung des Wellenbereichs	Art des Rundfunkdienstes
	Region 1		Region 2	Region 3		
	West kHz	Ost	kHz	kHz		
Rundfunk	148,5–183,5				*Langwelle*	Hörfunk (AM)
Rundfunk (515,5)[1]	526,5–1606,5[1]		525–1705	525–1705	*Mittelwelle*	Hörfunk (AM)
Amateurfunk	1715–2000[2]		1800–2000	1800–2000	160-m-Band *Kurzwelle*	–
Rundfunk	2300–2498		2300–2495	2300–2495	Tropenwelle	Hörfunk (AM)
Rundfunk	3200–3400		3200–3400	3200–3400	89-m-Band (Tropen)	Hörfunk (AM)
Amateurfunk	3500–3800		3500–4000	3500–3800	80-m-Band	–
Rundfunk	3950–4000			3900–4000	75-m-Band	Hörfunk (AM)
Rundfunk	4750–4995		4750–4995	4750–4995	61-m-Band (Tropen)	Hörfunk (AM)
Rundfunk	5005–5060		5005–5060	5005–5060	59-m-Band (Tropen)	Hörfunk (AM)
Rundfunk	5950–6200		5950–6200	5950–6200	49-m-Band	Hörfunk (AM)
Amateurfunk	7000–7100		7000–7300	7000–7100	40-m-Band	–
Rundfunk	7100–7300			7100–7300	41-m-Band	Hörfunk (AM)
Rundfunk	9500–9900		9500–9775	9500–9775	31-m-Band	Hörfunk (AM)

Funkdienst					Bandbezeichnung	Nutzung
Rundfunk	11650–12050	11700–11975	11700–11975		25-m-Band	Hörfunk (AM)
Amateurfunk	14000–14350	14000–14350	14000–14350		20-m-Band	–
Rundfunk	15100–15600	15100–15450	15100–15450		19-m-Band	Hörfunk (AM)
Rundfunk	17550–17900	17700–17900	17700–17900		16-m-Band	Hörfunk (AM)
Amateurfunk	18068–18168					–
Amateurfunk	21000–21450	21000–21450	21000–21450		15-m-Band	Hörfunk (AM)
Rundfunk	21450–21750	21450–21750	21450–21750		13-m-Band	
Amateurfunk	24890–24990					Hörfunk (AM)
Rundfunk	25600–26100	25600–26100	25600–26100		11-m-Band	
Amateurfunk	28000–29700	28000–29700	28000–29700		10-m-Band	–
	MHz	**MHz**	**MHz**	**MHz**		
Rundfunk	47– 68	47– 66	–	44– 50	VHF-Bereich, Band I	Fernsehen
Amateurfunk			50– 54	50– 54	5-m-Band	–
Rundfunk		66– 73	54– 72	54– 68	VHF-Bereich, low-band	Fernsehen
Rundfunk			76– 88		VHF-Bereich, low-band	Fernsehen
Rundfunk	87,5–108³⁾	76–100	88–108	87–108	UKW, Band II	Hörfunk (FM)
Rundfunk					VHF-Bereich, Band I	Fernsehen
Amateurfunk	144–146		144–148	144–148	2-m-Band	–
Rundfunk	174–230		174–216	170–216	VHF-Bereich, Band III	Fernsehen
Amateurfunk			220–225		130-cm-Band	–
Amateurfunk	430–440		420–450	420–450	70-cm-Band	–
Rundfunk	470–960		470–890	470–585	UHF-Bereich Band IV/V	Fernsehen
Rundfunk				610–960	UHF-Bereich	Fernsehen
Amateurfunk			902–928		35-cm-Band	–

1) mit Einschränkungen
2) mit Einschränkungen
3) in der DDR ist die Nutzung bis 104 MHz vorgesehen

weniger störanfällig. Auftretende Störungen können durch besondere Schaltungen weitestgehend unterdrückt werden. Die für die Frequenzmodulation notwendige Bandbreite steht nur im Ultrakurzwellenbereich zur Verfügung.

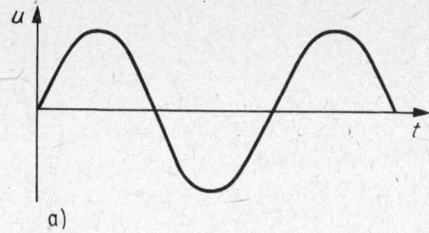

a)

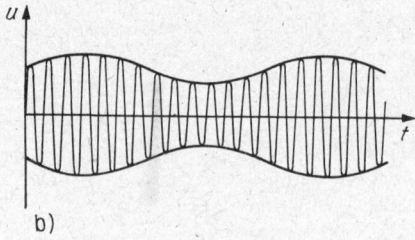

b)

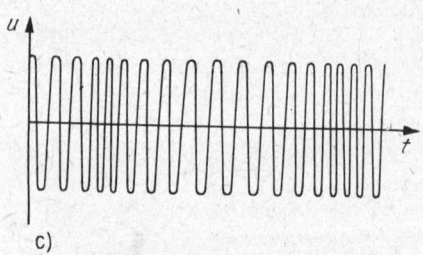

c)

Bild 1.1. Prinzip der Amplitudenmodulation und der Frequenzmodulation
a) niederfrequente Schwingung
b) mit der niederfrequenten Schwingung nach a) amplitudenmodulierte hochfrequente Schwingung
c) mit der niederfrequenten Schwingung nach a) frequenzmodulierte hochfrequente Schwingung

Als Maßeinheiten für die hochfrequenten Schwingungen dienen die Frequenzen und die Wellenlängen. Man bezeichnet die Anzahl der Schwingungen (Perioden) in einer Sekunde als Frequenz und gibt sie in Hertz (Hz) oder in den größeren Einheiten Kilohertz (1 kHz = 1 000 Hz) oder Megahertz (1 MHz = 1 000 kHz = 1 000 000 Hz) an.

Die Hochfrequenz breitet sich mit Lichtgeschwindigkeit (etwa 300 000 km/s) aus. Aus der Lichtgeschwindigkeit und der Frequenz ergibt sich die Länge der einzelnen elektrischen Schwingungen, die man als Wellenlänge λ (Lambda) bezeichnet. Man kann sie sehr einfach errechnen:

$$\lambda = \frac{300}{f}.$$
(1.1)

Die Wellenlänge λ ergibt sich in m, wenn man die Frequenz f in MHz einsetzt. Man kann auch, wenn die Wellenlänge λ bekannt ist, die Freqeunz f errechnen:

$$f = \frac{300}{\lambda}.$$
(1.2)

Wird die Wellenlänge in m eingesetzt, so erhält man die Frequenz f in MHz.

14

Es ist gleichgültig, ob Frequenzen oder Wellenlängen angegeben werden, weil man eine Angabe ohne weiteres in die andere umrechnen kann.

Tafel 1.1 gibt einen Überblick über die Wellen- und Frequenzbereiche, die für Rundfunk, Fernsehen und Amateurfunk vorgesehen sind. Es werden die nachfolgend genannten Regionen der Erde unterschieden, damit mögliche gegenseitige Störungen auf ein Mindestmaß beschränkt bleiben:

Region 1
Europa (einschließlich des Territoriums der UdSSR in Asien) und Afrika,

Region 2
Nord-, Mittel- und Südamerika und das nordöstliche Pazifikgebiet,

Region 3
Asien (ausgenommen das Territorium der UdSSR), Australien, Neuseeland und die übrigen Teile des Pazifiks.

Bei Frequenzen über 30 MHz gibt man im allgemeinen den Frequenzbereich wie folgt an:
VHF very high frequencies (sehr hohe Frequenzen);
UHF ultra high frequencies (ultrahohe Frequenzen).
Beim Hörfunk hat sich jedoch auch die Bezeichnung Ultrakurzwelle (UKW) eingebürgert.

Um einen brauchbaren Empfang zu erhalten, muß am Empfangsort eine minimale Feldstärke des gewünschten Senders vorhanden sein. Das gilt auch für den Rundfunkempfang im Auto. Die Feldstärkeschwankungen während der Fahrt machen sich in allen Empfangsbereichen bemerkbar. Wird eine bestimmte untere Größe der Empfangsspannung unterschritten, so treten Empfangsausfälle oder -verzerrungen auf. Je größer also die Feldstärke eines empfangenen Senders ist, um so sicherer und ungestörter ist der Empfang während der Fahrt. Beim Rundfunkempfang in stehenden Fahrzeugen gelten grundsätzlich die Bedingungen, die aus der Rundfunktechnik allgemein bekannt sind.

Die beim Rundfunkempfang in Kraftfahrzeugen auftretenden Probleme hinsichtlich der Antennen, Geräte und Entstörung treten auch beim Rundfunkempfang in Wasserfahrzeugen auf. Auf einige weitere Besonderheiten wird am Schluß dieses Buches hingewiesen.

Das Gebiet des nichtöffentlichen UKW-Sprechfunks ist nicht Gegenstand dieses Buches, obwohl Berührungspunkte vorhanden sind.

Eine der wichtigsten Voraussetzungen für einen ungestörten Empfang auch während der Fahrt ist die Kraftfahrzeugentstörung. Hierbei gibt es viele Besonderheiten, auf die in diesem Buch ebenfalls eingegangen wird.

2. Besonderheiten des Rundfunk- und Fernsehempfangs im Auto

Auf den Rundfunk- und Fernsehempfang im Auto haben viele Faktoren Einfluß. Von besonderer Bedeutung sind die Entfernung vom empfangenen Sender, seine Sendefrequenz und seine Sendeleistung. Auch die Geländebeschaffenheit zwischen Sender und Empfänger spielt oft eine wichtige Rolle. Alle diese Einflußgrößen bestimmen die Feldstärke des Senders am Empfangsort. Für die Spannung, die dem Eingang des Empfangsgeräts bei gegebener Feldstärke des Senders zugeführt wird, ist die Empfangsantenne maßgebend. Nicht zuletzt hängt die Güte des Empfangs auch von den Eigenschaften des verwendeten Empfangsgeräts ab.

Der Empfang kann aber durch Störungen der verschiedensten Art beeinflußt werden. Diese Störungen können durch das Fahrzeug selbst verursacht werden. Sie können ihre Ursache auch außerhalb des Fahrzeugs haben. So treten z. B. atmosphärische Störungen durch Gewitter oder Störungen durch Starkstromleitungen auf. In Stadtgebieten kann die Straßenbahn den gesamten Lang- und Mittelwellenempfang u. U. völlig in Frage stellen. In dicht bebauten Stadtgebieten ist der Empfang auf allen Wellenbereichen immer schlechter als auf dem Lande.

Zu den Faktoren, die vom Kraftfahrer beeinflußt werden können, gehören z. B. die Antennen, die Empfangsgeräte und die Entstörung des Kraftfahrzeugs. Sie werden in den folgenden Abschnitten dieses Buches ausführlich behandelt. In diesem Abschnitt wird auf die unbeeinflußbaren Faktoren eingegangen, deren Auswirkungen letztlich die bestehenden Möglichkeiten begrenzen.

Für den Rundfunkempfang im Auto sind im allgemeinen nur die Großsender von Bedeutung. Wenn man im fahrenden Kraftfahrzeug einen der kleinen Sender zur örtlichen Versorgung eines kleinen Gebiets empfängt, wird man seinen Empfangsbereich wegen seiner begrenzten Reichweite sehr schnell verlassen.

2.1. Lang-, Mittel- und Kurzwellenempfang

Diese Wellenbereiche haben für den Rundfunkempfang im Auto eine große Bedeutung. Ein Teil der Schwingungen breitet sich vom Sender ausgehend entlang der Erdoberfläche aus; er wird darum auch Bodenwelle genannt. Ein weiterer Teil der Schwingungen wird in den Raum abgestrahlt und heißt darum auch Raumwelle. Die Raumwellen des Mittel- und Kurzwellenbereichs werden unter bestimmten Umständen an der Ionosphäre reflektiert und zur Erdoberfläche zurückgelenkt. Eine Ausnahme bilden die Langwellen; sie werden von der Ionosphäre nicht reflektiert.

Wenn die Bodenwelle und die Raumwelle am Empfangsort eintreffen, überlagern sich die Schwingungen (Bild 2.1). Meist hat die Raumwelle einen größeren Weg zurückzulegen als die Bodenwelle. Durch den Umweg entsteht eine Phasenverschiebung zwischen beiden Wellen, die schließlich die am Empfangsort entstehende Feldstärke und damit die Antennenspannung entscheidend mitbestimmt. Treffen beide Wellen mit gleicher Phasenlage am Empfangsort ein, so addieren sich die Raumwellen und die Bodenwelle zur Gesamtwelle, und die entstehende Feldstärke nimmt den maximal möglichen Wert (Empfangsmaximum) an. Trifft dagegen die Raumwelle gegenüber der Bodenwelle um eine halbe Wellenlänge (180° Phasenverschiebung) verschoben ein, so ergibt sich die Feldstärke aus der Differenz der beiden Wellen (da die eine Halbwelle einen positiven und die andere einen negativen Wert hat). Sind die Feldstärken beider Wellen gleich groß, so löschen sie sich völlig aus, und ein Empfang dieses Senders ist nicht möglich. Da sich die Bedingungen für die Ausbreitung der Raumwelle laufend verändern, kann der Empfang über einen größeren oder auch kleineren Zeitraum zwischen den beiden genannten Extremwerten schwanken. Diesen Effekt bezeichnet man als Fading oder Schwund.

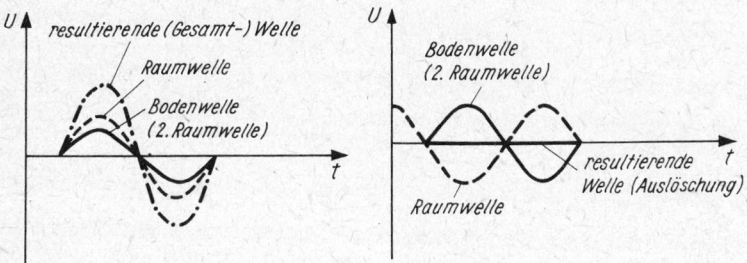

a) gleichphasige Überlagerung (Addition)   b) gegenphasige Überlagerung (Auslöschung)

Bild 2.1. Überlagerung von zwei Wellen

Der Lang-, Mittel- und Kurzwellenempfang ist überall mehr oder weniger starken Schwankungen unterworfen, die auch durch die örtlichen Verhältnisse entstehen, z. B. beim Durchfahren von Talstraßen, Hangstraßen, Tunnels und Brücken.

Langwelle

Die Langwellen werden von der Ionosphäre nicht reflektiert. Deswegen existiert ausschließlich die Bodenwelle. Sie folgt weitgehend der Erdkrümmung und hat demzufolge eine sehr große Reichweite, die je nach Sendeleistung bis zu einigen tausend Kilometern betragen kann. Langwellen ermöglichen also gute Weitverbindungen. Deswegen werden Langwellensender besonders in relativ dünn besiedelten Ländern betrieben, vor allem, wenn man außerdem noch mit wenigen Sendestationen auskommen muß. Beispielsweise sind in den skandinavischen Ländern Langwellensender sehr verbreitet, und die in diesen Ländern betriebenen Empfänger sind fast immer mit diesem Wellenbereich ausgerüstet. Darüber hinaus hat fast jedes europäische Land einen leistungsstarken Langwellensender.

Der Langwellenbereich hat jedoch eine relativ geringe Bandbreite, so daß sich in ihm nur relativ wenige Sender unterbringen lassen. Außerdem sind die Langwellen gegen Funkenstörungen aller Art und gegen atmosphärische Störungen sehr anfällig. Das Fahrzeug selbst läßt sich jedoch für den Langwellenbereich relativ leicht entstören. Der Empfang von Langwellensendern wird häufig durch Pfeifstörungen beeinträchtigt, die ihre Ursache darin haben, daß zusammen mit einem empfangswürdigen Sender gleichzeitig auch ein sehr weit entfernter Sender mit geringer Feldstärke am Empfangsort aufgenommen wird.

Mittelwelle

Die Mittelwelle breitet sich tagsüber – ähnlich wie die Langwelle – nur als Bodenwelle aus. Leistungsstarke Sender haben tagsüber eine Reichweite von etwa 200 bis zu maximal 500 km. In den Nachtstunden existiert – hervorgerufen durch Reflexionen in der Ionosphäre – zusätzlich auch die Raumwelle. Mittelwellensender haben deshalb in den Nachtstunden eine erheblich größere Reichweite. Die Ionosphäre ist jedoch ständigen Veränderungen unterworfen, die sich auch auf die Raumwelle auswirken. Es ergeben sich Interferenzen, die zu den bereits erwähnten Fadingerscheinungen führen.

Der hauptsächlichste Nachteil des Mittelwellenbereichs ist seine viel zu dichte Belegung mit Sendern. Bei Einhaltung normaler technischer Bedingungen wären etwa 122 Sender unterzubringen, und dann gäbe es keine gegenseitigen Störungen. Tatsächlich sind jedoch mehr als 900 Sender im Mittelwellenbereich tätig. Deswegen ist ein Fernempfang auf Mittelwellen kaum noch möglich. Trotzdem ist die Mittelwelle der am häufigsten benutzte Empfangsbereich, da jedes Land mehrere starke Mittelwellensender besitzt.

In den Nachtstunden ist je nach den örtlichen und zeitlichen Bedingungen manchmal ein Europaempfang verschiedener Sender möglich. Eine Verbesserung des Empfangs – in Grenzen – ist durch lange Antennen möglich; auch bei Portables müssen Zusatzantennen angewendet werden.

Die Frequenzen um 1 500 kHz haben abends und nachts besonders günstige Ausbreitungsbedingungen. Außerdem sind sie relativ unempfindlich gegen atmosphärische Störungen. Deswegen wird in neuerer Zeit dem Frequenzbereich 1 415 bis 1 606,5 kHz, der oft als Europawelle bezeichnet wird, besondere Aufmerksamkeit gewidmet. In diesem Bereich werden viele große europäische Rundfunksender mit hoher Leistung und z. T. auf Exklusivfrequenzen betrieben. Dies führt zu besonders günstigen Empfangsbedingungen. Bei den Geräten treten allerdings in diesem Bereich oft Schwierigkeiten bei der Senderabstimmung auf, denen durch Dehnung dieses Teilbereichs (Bandspreizung) entgegengewirkt werden kann. Viele Gerätehersteller erleichtern außerdem den Empfang der Europawelle durch verbesserte Trennschärfeeigenschaften der Geräte.

Der Mittelwellenbereich ist gegen atmosphärische und sonstige Störungen, die z. B. in Stadtgebieten durch das elektrische Leitungsnetz und durch Oberleitungen hervorgerufen werden, sowie gegen Eigenstörungen durch das Kraftfahrzeug sehr anfällig. Die Maßnahmen zur Entstörung des Kraftfahrzeugs sind allerdings relativ einfach.

Kurzwelle

Die Bodenwelle hat im Kurzwellenbereich eine sehr geringe Reichweite und daher auch wenig Bedeutung. Im 49-m-Band beträgt ihre Reichweite nur etwa 80 km und im 19-m-Band etwa 30 km.

Im Gegensatz zur Mittelwelle ist bei der Kurzwelle auch tagsüber eine Raumwelle vorhanden. Aufgrund der Reflexionsbedingungen in der Ionosphäre kehrt aber die Raumwelle erst nach einer bestimmten Mindestentfernung, die von der Wellenlänge abhängig ist, wieder zur Erde zurück (Bild 2.2). Der Bereich, in dem die Bodenwelle nicht mehr und die Raumwelle noch nicht empfangen werden kann, heißt tote Zone. In ihr ist kein oder nur ein schlechter Kurzwellenempfang möglich. Der Bereich der toten Zone wird mit steigender Frequenz größer.

Der Kurzwellenbereich ist aufgrund der Ausbreitungsbedingungen der Kurzwellen besonders zum Rundfunkempfang über große Entfernungen geeignet. Die Ausbreitungsbedingungen der Kurzwellen ändern sich fortwährend, abhängig von der Tageszeit und der Jahreszeit. Auch die Sonnenaktivität beeinflußt die Ausbreitung der Kurzwellen erheblich. Außerdem können starke Fadingerscheinungen auftreten, die durch Interferenzen zwischen verschiedenen Raumwellen, die den Empfänger auf unterschiedlichen Wegen erreichen, verursacht werden.

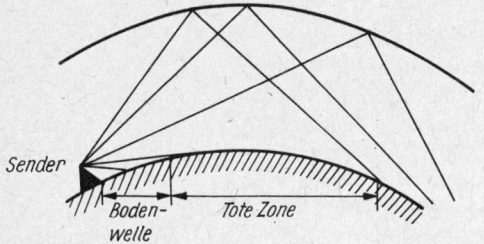

Bild 2.2. *Ausbreitung von Kurzwellen*

Entscheidend für den guten Kurzwellenempfang ist die Wahl der richtigen Frequenz, da die Ausbreitungsbedingungen sehr stark frequenzabhängig sind. Seitens des Senders wird dieser Tatsache dadurch Rechnung getragen, daß der Sender die jeweils günstigste Frequenz benutzt. Eine gute Antenne ist für den Kurzwellenempfang von besonderer Bedeutung. Lange Kraftfahrzeugantennen und Zusatzantennen bei Portables bringen Verbesserungen gegenüber kurzen Antennen und den eingebauten Antennen der Geräte.

Auf dem 49-m-Band können Entfernungen von etwa 1 000 km auch am Tage ohne weiteres überbrückt werden. Deswegen wird dieses Band auch Europaband genannt. Auf dem 41-m-Band und dem 31-m-Band ist ebenfalls tagsüber und je nach Ausbreitungsbedingungen auch nachts guter Empfang über mittlere Entfernungen möglich. Die Reise- und Autoempfänger, zumindest die der Mittelklasse, haben daher in jedem Fall Empfangsmöglichkeit für das 49-m-Band. Vielfach findet man auch einen größeren Kurzwellenbereich, der das 49-m-Band, 41-m-Band und evtl. auch den Bereich bis zum 13-m-Band umfaßt. Für Übersee-Empfang eignen sich die typischen Überseebänder: 31 m, 25 m, 19 m, 16 m und 13 m.

Fast alle Länder der Welt haben Kurzwellensender mit relativ großer Leistung, die spezielle Programme für das Ausland senden. Für die internationale Touristik hat der Kurzwellenempfang deshalb besondere Bedeutung.

Der Kurzwellenbereich ist gegen die üblichen Störungen aus der Atmosphäre oder dem Starkstromnetz relativ wenig anfällig. Auch Störungen durch Oberleitungen in Städten wirken sich bei weitem nicht so aus wie im Lang- und Mittelwellenbereich. Die Entstörung des Kraftfahrzeugs ist jedoch gegenüber der für den Lang- und Mittelwellenbereich relativ schwierig.

2.2. Ultrakurzwellenempfang

Im Ultrakurzwellenbereich gibt es (von einigen seltenen Ausnahmen abgesehen) keine Reflexionen in der Ionosphäre. Darum kann man nur die Bodenwelle empfangen. Da die Bodenwelle wegen ihrer hohen Frequenz der Erdkrümmung kaum noch folgt, kann man sie praktisch nur geringfügig über die „Sendersicht" hinaus, also im Nahbereich der Sender, empfangen. Die UKW-Hörrundfunksender haben darum nur regionale Bedeutung.

Der UKW-Hörrundfunkempfang ist um so besser, je größer die Sendeleistung und je geringer die Entfernung zum Sender ist. In Ebenen ist die Reichweite im allgemeinen größer als im stark bebauten Gelände oder im Bergland. Guter Empfang über größere Entfernung ist aber auf Berghöhen und relativ hoch geführten Bergstraßen möglich. Dagegen kann man in Tälern in der Regel nur die zur Versorgung dieses Gebiets vorgesehenen Sender hören. Außer den geographisch und baulich bedingten Empfangsschwankungen können auch zeitliche Schwankungen auftreten, die für den Empfang im Nahbereich des Senders nicht bedeutungsvoll sind und hier nicht näher erläutert werden.

Gelangt die von einem Sender ausgehende Welle auf zwei verschiedenen Wegen, z. B. durch einmalige oder mehrfache Reflexionen an Bauwerken oder Bergen, zur Empfangsantenne, so überlagern sich die Schwingungen.

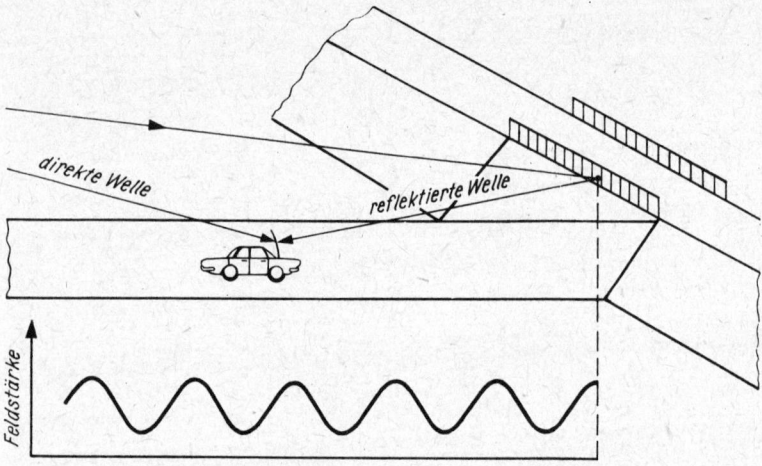

Bild 2.3. Entstehung einer stehenden Welle entlang einer Straße durch Überlagerung der direkten Welle mit einer an einer Brücke reflektierten Welle

Da die Wellenlänge im Ultrakurzwellenbereich relativ kurz ist (z. B. etwa 3 m), genügt schon ein Umweg von etwa 1,5 m zur Auslöschung der Schwingungen an der Empfangsantenne. Wenn eine Welle die Antenne eines fahrenden Autos direkt und außerdem nach Reflexion z. B. an einer Brücke erreicht, ändern sich aufgrund der Bewegung des Fahrzeugs fortwährend die Weglängen der Welle und damit die gegenseitige Phasenlage der Schwingungen (Bild 2.3). Die Feldstärke wechselt ständig, und es werden Maximal- und Minimalwerte (die bis zum Wert 0 absinken können) durchfahren. Die Abstände der Maximal- und Minimalwerte betragen mindestens $1/_4$ der jeweiligen Wellenlänge; sie sind auch vom Einfallswinkel der verschiedenen Wellen zueinander abhängig. Die Stärke des Eingangssignals schwankt um so schneller, je höher die Geschwindigkeit des Fahrzeugs ist. Bei geringerer Feldstärke können die Rauscheinbrüche sogar den Eindruck eines dauernden Rauschens hervorrufen. Aus dieser Erscheinung ergeben sich hohe Anforderungen an die Regeleigenschaften und die Empfindlichkeit der Empfangsgeräte.

Im stehenden Fahrzeug ist in fast allen Fällen ein guter UKW-Empfang möglich. Eine geringfügige Ortsveränderung des Autos von einigen Zentimetern
kann allerdings bereits zu einer merklichen Empfangsverbesserung oder -ver-
schlechterung führen. Der Ultrakurzwellenempfang im Auto ist bei Verwendung
eines geeigneten Geräts allgemein sehr gut.

Der Ultrakurzwellenbereich ist gegenüber atmosphärischen Störungen (z. B.
Gewitter) und gegenüber Störungen durch Oberleitungen im Stadtverkehr sehr
wenig anfällig. Der Einfluß der Autoantenne auf den Empfang ist allerdings
sehr groß. Die technischen Forderungen an die Empfangsgeräte hinsichtlich
Rauschen, Verstärkung und Regeleigenschaften sind sehr hoch. Sie werden nur
von den Geräten der höheren Preisklassen erfüllt.

Die Entstörung des Kraftfahrzeugs weist jedoch einige Probleme auf, die aber
ohne weiteres beherrschbar sind. Es kommt im wesentlichen darauf an, geeignete Bauteile zu verwenden und sie in der richtigen Weise einzubauen.

2.3.   Fernsehempfang

Für den Fernsehempfang gelten im wesentlichen die gleichen Bedingungen wie
für den Ultrakurzwellen-Hörrundfunkempfang. Die Fernsehsender arbeiten
meist auf höheren Frequenzen. Mit höher werdender Frequenz wird allerdings
die Reichweite der Sender immer geringer, und die Feldstärkeschwankungen
durch Reflexionen werden stärker ausgeprägt. Sie machen sich als „Geisterbilder" im Fernsehbild bemerkbar. Wenn die Reflexionsbedingungen ständig und
schnell wechseln, wie es während der Fahrt der Fall sein kann, so ändern sich
auch die sichtbaren Reflexionsstörungen im Fernsehbild sehr stark und schnell.
Besonders schwierig sind wegen der vielen Reflexionsmöglichkeiten die Emp-
fangsverhältnisse in Stadtgebieten. Hinzu kommt, daß die Antennenspannung
zur Erzielung eines brauchbaren Bildes größer sein muß als die beim Hörrund-
funkempfang.

Außerhalb von Stadtgebieten und in Stadtgebieten mit weiträumiger Bebau-
ung geringer Höhe besteht jedoch durchaus die Möglichkeit des Fernsehempfangs im fahrenden Auto. Am besten ist der Fernsehempfang während der Fahrt
durch ebenes Gelände. Bei Fahrten in bergiger Gegend treten Reflexionserschei-
nungen auf, und es kann vorkommen, daß man relativ oft zwischen den jeweils
für die örtliche Versorgung vorgesehenen Sendern umschalten muß. Gute Empfangsmöglichkeiten findet man allgemein in der Nähe von Großsendern. Klein-
sender, Umsetzer und Umlenkanlagen haben ausschließlich örtliche Bedeutung.

Die größte Bedeutung kommt jedoch dem Fernsehen im stehenden Kraftfahrzeug zu, z. B. beim Rasten und beim Camping. Die Autoantenne für den Fernsehempfang erfordert besondere Beachtung. Es ist unbedingt erforderlich, Spe-
zialantennen zu verwenden.

Der Fernsehempfänger im Kraftfahrzeug ist in jedem Fall als besonderer
Komfort anzusehen. Nur in einigen Luxusfahrzeugen sind Fernsehempfänger
ab Werk fest eingebaut. In komfortablen Überlandbussen bietet man manchmal
den Fahrgästen z. B. bei Touristenreisen die zusätzliche Möglichkeit der Information (s. a. Bild 2.4) oder Unterhaltung durch Fernsehen.

Das Angebot der Industrie an geeigneten Fernsehgeräten und erforderlichem
Zubehör ist gegenwärtig bereits recht gut.

a)

b)

Bild 2.4. Reisebus mit Fernsehempfangsanlage (einschließlich UKW-Hörrundfunk)
a) elektronische Rundempfangs-Mehrbereichsantenne auf dem Dach (s. auch Bild 9.1)
b) Anordnung des Fernsehempfängers im Bus

3.   Rundfunk- und Fernsehempfänger für das Auto

3.1.   Anforderungen an Autoempfänger

Empfänger für Kraftfahrzeuge müssen wegen der im Fahrzeug herrschenden speziellen Bedingungen weitaus höhere Forderungen als normale (Heim-) Empfänger erfüllen. Man unterscheidet
– Autoempfänger, die fest im Kraftfahrzeug installiert und aus der Bordbatterie gespeist werden (also die üblichen Autosuper), und
– Universalempfänger, die sowohl außerhalb des Kraftfahrzeugs als Kofferempfänger betrieben und von eingebauten Trockenbatterien gespeist werden als auch – eingesetzt in eine besondere Halterung – innerhalb des Kraftfahrzeugs als Autoempfänger betrieben und (bei abgeschalteten Trockenbatterien) aus der Bordbatterie gespeist werden.
Die Universalempfänger werden manchmal für den Betrieb im Auto durch besondere Einrichtungen ergänzt, die sich an der Autohalterung befinden. Hierzu gehören z. B. Einrichtungen zur Stabilisierung der Versorgungsspannung und eine kräftige Endstufe.
Wie bereits erwähnt, hat sich die Transistorisierung der Autoempfänger allgemein durchgesetzt. Ihre wesentlichen Vorteile gegenüber den Röhrengeräten sind der bedeutend niedrigere Stromverbrauch, die Gewichts- und Raumeinsparung sowie der geringere Verschleiß.
Der geringe Stromverbrauch wirkt sich – beim Betrieb von Universalempfängern aus Trockenbatterien – stark auf die Lebensdauer der Batterie aus. Aber auch im Kraftfahrzeug ist die geringe Belastung der Autobatterie – speziell bei Kleinwägen – sehr vorteilhaft. Gegenüber den früher üblichen Röhrengeräten ergibt sich die sehr erhebliche Leistungseinsparung von etwa 25 W. Der Leistungsverbrauch moderner Transistorgeräte (etwa 2 bis 10 W) belastet die Autobatterie auch bei längerem Betrieb nicht nennenswert. Zum Vergleich sei bemerkt, daß dieser Leistungsverbrauch in der Größenordnung des Leistungsverbrauchs der kleinsten im Kraftfahrzeug verwendeten Glühlampen liegt.
Man muß beachten, daß es in Kraftfahrzeugen unterschiedliche Bordnetze gibt, z. B. mit 6 oder 12 V Netzspannung und mit Pluspol oder Minuspol an der Fahrzeugmasse. Man findet herkömmliche Gleichstromlichtmaschinen und in neuerer Zeit auch Wechselstromlichtmaschinen (Drehstromlichtmaschinen), beide entweder mit elektronischen oder mechanischen Reglern. Die Wechselstromlichtmaschinen setzen sich wegen ihrer Vorteile für die Stromerzeugung (bereits im Leerlauf des Motors wird von der Lichtmaschine Strom an das Bordnetz bzw. die Batterie abgegeben) immer mehr durch. Bei modernen Fahrzeugen findet man meist eine 12-V-Bordanlage, da diese Nennspannung beachtliche Vorteile bietet.
Eine Besonderheit beim Betrieb von Autoempfängern ist die starke Schwankung der Betriebsspannung des Bordnetzes, die sich bei 6-V-Anlagen zwischen etwa 5,5 und 7,5 V und bei 12-V-Anlagen zwischen 11 und 15 V ändern kann. Autoempfänger müssen gut gegen Spannungsschwankungen stabilisiert sein, da-

mit die erforderliche Frequenzstabilität erreicht wird. Besonders kritisch sind Schwankungen der Batteriespannung beim Ultrakurzwellenempfang und Betrieb des Empfängers aus der Autobatterie, denn sie verursachen starke Frequenzveränderungen des Oszillators, die zu Verzerrungen oder zum Aussetzen des Empfangs führen können. Beim Betrieb eines Universalempfängers aus Trockenbatterien macht sich ein langsamer Abfall der Batteriespannung praktisch nicht bemerkbar. Die kurzzeitigen Schwankungen der Betriebsspannung im Auto erfordern jedoch einen nicht unbeträchtlichen Aufwand zur Stabilisierung der Spannung und gegebenenfalls für besondere Nachstimmschaltungen (AFC).

Ein weiteres Problem ergibt sich aus dem Übergang zu den Wechselstromlichtmaschinen. Bei diesen können Störungen und Spannungsspitzen auftreten, die besondere Entstörungsmaßnahmen sowie Schutzmaßnahmen in den Netzteilen der Autoempfänger erfordern.

Weitere Schutzmaßnahmen gegen Impulsstörungen, die den Eingangstransistoren gefährlich werden können, müssen am Empfängereingang vorgesehen werden. Wenn sich bei trockenem Wetter die Karosserie statisch bis auf Spannungen von 10 000 V auflädt und beim Aussteigen zufällig die Antenne berührt wird, kann über sie und die Eingangsschaltung des Autoempfängers eine Entladung stattfinden, die zur Zerstörung der Eingangstransistoren führt.

Die Armaturenbretter moderner Autos lassen immer weniger Platz für den Autosuper und den Lautsprecher. Die verschiedensten Geräte und Anlagen sollen dort eingebaut werden. Man bemüht sich, die Oberkante des Armaturenbretts zur Verbesserung der Sichtverhältnisse immer tiefer zu legen.

Die Höhe der Unterkante wird aber durch die erforderliche Bewegungs- und Beinfreiheit bestimmt. Aus dieser Entwicklungstendenz ergeben sich immer geringer werdende Höhen der Armaturenbretter, die zu immer schmaler werdenden Lautsprecherformen führen. Dadurch wird aber die Schallwiedergabe beeinträchtigt. Man versucht daher vielfach, den Lautsprecher an andere geeignete Stellen zu verlegen, beispielsweise bei vorgezogenem Armaturenbrett in dessen Oberseite. Die Strahlung des Lautsprechers ist dann gegen die Frontscheibe gerichtet, und sie wird dort reflektiert. Oft wird der Lautsprecher auch im Heck, z. B. unter der Hutablage, eingebaut. Aus den genannten Tendenzen ergibt sich auch die Forderung nach sehr flachen Empfängergehäusen. Trotz Transistorisierung und Miniaturisierung erfordern jedoch leistungsfähige Empfänger mit hohem Bedienungskomfort noch relativ viel Raum. Dieses Problem wird dadurch gelöst, daß man größere Transistorempfänger in zwei Baueinheiten gliedert, die getrennt montiert werden können. Der Verkleinerung der Autoempfänger wird aber durch die Gestaltung der Skale und die erforderliche Mindestgröße der Abstimm- und Bedienungssteller eine Grenze gesetzt. Sehr kleine (komfortable) Bedienungsteile mit neuer Technik (elektronische Leuchtpunktanzeige, Displays für Ziffernfrequenzanzeige) und abgesetzt zu montierende Empfänger tragen den Entwicklungstendenzen Rechnung.

Autoempfänger müssen bei großer Kälte ebenso funktionsfähig sein wie bei großer Hitze. In einem Kraftfahrzeug können Betriebstemperaturen von $-25\,°C$ bis zu $+60\,°C$ auftreten; die Temperatursicherheit reicht bei modernen Autosupern bis zu etwa $+80\,°C$. Universalempfänger müssen diese harten Bedingungen nicht unbedingt erfüllen, weil sie üblicherweise im Fahrgastraum betrieben werden.

Die Schüttelfestigkeit der Autoempfänger muß sehr groß sein, denn einerseits muß die elektrische Funktionsfähigkeit und -sicherheit über einen großen Zeitraum gewährleistet werden, und andererseits dürfen keine mechanischen Resonanzen irgendwelcher Teile auftreten.

Die akustischen Verhältnisse sind in einem Auto anders als im Freien oder in größeren Wohnräumen. Darum müssen die akustischen Eigenschaften der Autoempfänger diesen Verhältnissen angepaßt werden. Der Geräuschpegel im fahrenden Auto erfordert eine hohe Ausgangsleistung des Autoempfängers. Die heute üblichen Empfänger geben etwa 3 bis 6 W Ausgangsleistung ab.

Die Empfindlichkeit moderner Autoempfänger liegt bei etwa 10 µV im Langwellenbereich, etwa 3 bis 5 µV im Mittelwellenbereich und etwa 1 µV im Ultrakurzwellenbereich, bezogen auf 1 W Ausgangsleistung. Die Autoempfänger müssen aber auch bei hohen Antennen-Eingangsspannungen, die in der Nähe von Sendern auftreten, einwandfrei arbeiten. Die hohe Antennenspannung kann zu Kreuzmodulationen, Verzerrungen des Empfangs, Oberwellen- und Mischproduktbildung usw. führen. Der Oszillator und damit der Empfang können völlig aussetzen. Man wirkt solchen Störungen durch besondere Schaltungsmaßnahmen entgegen.

Manche Empfänger haben eine Nachstimmautomatik (AFC). Ihr Vorteil liegt darin, daß man den Sender nicht ganz genau einstellen muß, denn die Feinabstimmung, besorgt die Automatik. Eine Nachstimmautomatik hat jedoch im Kraftfahrzeug auch einige Nachteile. Darum muß sie abschaltbar sein. Wird mit AFC abgestimmt, so liegt meist die tatsächliche Abstimmung neben der optimalen Abstimmung ohne AFC. Wenn nun Antennenspannungsschwankungen auftreten, führen diese zu einer Änderung der Oszillatorfrequenz, da die Wirkung der AFC von der Antennenspannung mitbestimmt wird. Dadurch treten Störungen auf, die zur ungenauen Abstimmung und damit zur schnelleren Verschlechterung des Empfangs führen.

Die im Abschn. 2.2. behandelten Erscheinungen führen dann zum periodischen Auftreten dieser Störung, zum sog. Lattenzauneffekt. Ein weiterer Nachteil der Nachstimmautomatik ist das mögliche Umspringen der Senderabstimmung zwischen benachbarten Sendern, wenn die Empfangsbedingungen einem starken Wechsel unterliegen. Wird ein Empfänger ohne AFC betrieben, können die Schwankungen der Antennenspannung bei geringer Feldstärke lediglich zu einem kurzzeitigen Aussetzen des Empfangs führen.

Vorteile bietet eine echte Abstimmungsautomatik (Stationssucher). Nach erfolgter Abstimmung schaltet eine solche Automatik ab, und die einmal gefundene Abstimmung bleibt erhalten.

Neuerdings findet man auch quarzstabilisierte Frequenzrasterabstimmung (QTS ≙ Quarz-Tuning-System).

Die modernen Autoempfänger fast aller Klassen haben im Kurzwellenbereich im allgemeinen nur das 49-m-Band, da es am meisten interessiert. Außerdem treten bereits bei Heimempfängern große Abstimmschwierigkeiten auf, wenn der Kurzwellenbereich nicht gedehnt ist. Der Gesamtfrequenzbereich ist ja so groß, daß die Sender auf der Skale sehr dicht beieinander liegen. Eine Abstimmung in einem ungedehnten Kurzwellenbereich ist also während der Fahrt praktisch nicht möglich. Besteht der Wunsch nach Rundfunkempfang auf weiteren Kurzwellenbändern, so kann man das vorhandene Gerät durch sog. Kurzwellenadapter ergänzen. Diese bestehen praktisch aus selbständigen HF-Abstimmteilen.

Die Frage, ob man sich einen speziellen Autosuper oder einen Universalempfänger zulegen solle, ist nicht ohne weiteres zu beantworten. Die Universalempfänger sind zwar universell verwendbar und haben z. T. einen beachtlichen Komfort. Man findet z. B. Sendertasten, abschaltbare AFC und Abstimmautomatik mit Motorantrieb (oder voll elektronisch); außerdem haben manche Geräte Ausgangsleistungen bis zu 6 W. Universalempfänger haben jedoch meistens keine HF-Vorstufe, ein Mangel, der sich beim Betrieb im Auto sehr bemerkbar macht. Ferner ist beim Universalempfänger eine direkte Störeinstrahlung auf das Gerät nicht ausgeschlossen, da im Gegensatz zum Autosuper keine geschlossene Abschirmung existiert. Eine solche Abschirmung ist auch gar nicht möglich, da die Geräte außerhalb des Autos vorwiegend mit Ferritantennen betrieben werden. Damit die von den im Auto vorhandenen Leitungen ausgehende Störstrahlung nicht wirksam wird, ist es zweckmäßig, den günstigsten Montageort bei eingeschalteten Störquellen (Motor, Gebläse, Scheibenwischer usw.) durch Verschieben des Geräts festzustellen. Oft findet man jedoch einen Montageort, an dem das Gerät den Fahrer oder Beifahrer behindert. Die ungünstigen Montagemöglichkeiten unterhalb des Armaturenbretts sind auch der Grund dafür, daß die Hersteller von Kraftfahrzeugen und andere Institutionen der DDR aus Sicherheitsgründen kein großes Verständnis für Universalgeräte im Kraftfahrzeug aufbringen.

Zusammenfassend kann man feststellen, daß Universalempfänger keineswegs optimale Autoempfänger sind.

Nach den vorstehenden Darlegungen empfiehlt sich die Verwendung eines Universalempfängers nur dann, wenn das Kraftfahrzeug nur selten benutzt wird. Bei mehr als 5 bis 10 Stunden Fahrzeit je Woche sollte man den fest eingebauten Autosuper vorziehen. Bei geringerer Fahrzeit ist das Universalgerät in vielen Fällen die zweckmäßigere und vielseitigere Lösung.

Für den Fernsehempfang im Auto gelten im wesentlichen die bereits genannten Hinweise und Erläuterungen sinngemäß. Sie lassen sich auch auf die sonstigen Geräte der Unterhaltungselektronik im Auto anwenden. Die bisherigen Betrachtungen gelten vorwiegend für Personenkraftwagen. Sie lassen sich jedoch auch auf andere Fahrzeuge, wie Omnibusse, Lastkraftwagen und Spezialfahrzeuge, übertragen. Für die letztgenannten Fahrzeuge gibt es Spezialgeräte und Anlagen (z. B. Omnibusanlagen), die den besonderen Anforderungen in diesen Fahrzeugen genügen.

Man darf nicht übersehen, daß die Serviceleistungen für Autoempfänger und sonstige Geräte für Kraftfahrzeuge größer sind als diejenigen für Heimrundfunkgeräte; das gilt besonders für den Autosuper. Vielfältige Hilfsmittel und umfassende Dokumentationsunterlagen dienen diesem Service. Besonderes Augenmerk wird dem sehr reichhaltigen Einbauzubehör gewidmet, das den Einbau der Geräte in die vielen oft sehr verschiedenen Kraftfahrzeugtypen ermöglichen muß. In den Servicebetrieben sind Fachleute mit einem sehr hohen fachlichen Können und speziellen Kenntnissen der Rundfunktechnik, der Kraftfahrzeugtechnik und vor allem auch der Kraftfahrzeugelektrik und -elektronik tätig, deren Ratschläge der Interessent an dieser Technik gegebenenfalls einholen sollte, zumal dort meist auch der neueste und zutreffende Stand der Technik genau bekannt ist.

3.2. Autosuper

Dieser Abschnitt und auch die folgenden Abschnitte zeigen die speziellen und charakteristischen Eigenschaften der Geräte, besonders der Autosuper, die fest in die Fahrzeuge eingebaut werden. Autosuper gehören heute zur Standardausrüstung von Kraftfahrzeugen mit höherem Komfort. Mit ihrer Betriebssicherheit, ihrer Empfangsleistung und ihrer auf die besonderen akustischen Verhältnisse im Kraftfahrzeug abgestimmten Klangqualität können sie alle zu stellenden Ansprüche erfüllen. Bei einigen Geräten ist der Bedienungskomfort so hoch, daß der Fahrer durch die Bedienung kaum abgelenkt und die Fahrsicherheit damit praktisch nicht beeinträchtigt wird.

Das umfangreiche Spezialzubehör der Hersteller enthält u. a. alle für die Montage in den verschiedenen Fahrzeugtypen notwendigen Teile in entsprechender Zusammenstellung.

Beim Kauf eines Empfängers oder anderen Geräts muß darauf geachtet werden, daß der für das vorhandene Fahrzeug geeignete Einbausatz (Spezial- oder Universaleinbausatz) erworben wird. (Dieses Material ist in der Regel gesondert erhältlich.) Wegen des im allgemeinen sehr knappen Einbauraumes im Auto werden meist nur die kleineren Gerätetypen als Einblockgeräte geliefert (Bild 3.1). In der DDR und einigen anderen Ländern sind die Einbaumaße standardisiert. Es gibt jedoch auch Fahrzeugtypen, in die Standardgeräte nicht am vorgesehenen Platz eingebaut werden können; meist ist für solche Fälle im Herstellerland auch ein Spezialgerät vorgesehen und im Handel verfügbar.

Mehr Raum – als allgemein vorgesehen – erfordernde Geräte oder Gerätegruppen bestehen meistens aus zwei oder mehr Geräteteilen, die erforderlichenfalls getrennt an ganz verschiedenen Orten (sogar im Motor- oder Kofferraum oder z. B. unter den Sitzen) montiert werden können. Dazu stehen meist auch entsprechende Verlängerungskabel oder -kabelsätze zur Verfügung. Sofern der Einbauraum ausreichend ist, können solche Baugruppen auch unmittelbar aneinander befestigt werden.

Bild 3.1. KM-Autosuper in Einblockweise

Besonders vorteilhaft sind dabei Gerätefamilien der Hersteller, die in Bausteintechnik konzipiert sind und fast beliebige Kombinationen sowie Fernsteuerung zulassen (Bilder 3.2 bis 3.4).

Damit kann sich der Käufer entsprechend seinen Wünschen die optimal geeignete Anlage zusammenstellen bzw. sie jederzeit entsprechend ergänzen (z. B. Radio, Kassettenteil, Zusatzverstärker, Stereodekoder, automatische Störunterdrückung, Verkehrsfunkeinrichtungen usw.).

Bei sich abgeschlossenen Einzelgeräten ist im allgemeinen keine Kombinierbarkeit oder Ergänzungsmöglichkeit gegeben, weil die erforderlichen Anschlüsse fehlen und die nachträgliche Anbringung einen erheblichen Eingriff in das Gerät und damit meist hohen Aufwand erfordert.

27

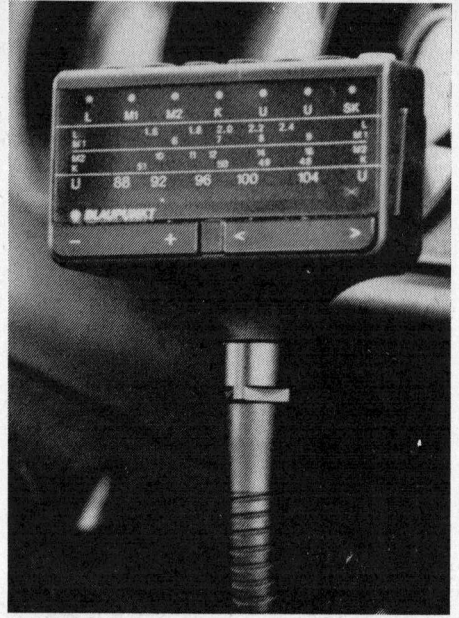

Bild 3.2. Fernbedienteil für einen vollektronischen Autogerätesatz (Berlin electronic mit Kassetten-Recorder und ARI) mit universeller Montagemöglichkeit auf biegsamem Ständer für die Funktionen Sendersuchlauf, Lautstärke-Tastenregelung, Balance- und Klangregler, Mono/Stereo-Umschaltung (gleichzeitig Empfindlichkeitsschalter für Suchlauf) Stations-/Bereichstasten, Senderkennung (ARI), Stationsanzeige durch LED-Reihe, Stereo-Anzeige, Suchlaufanzeige, Ein-/Aus-Schaltung

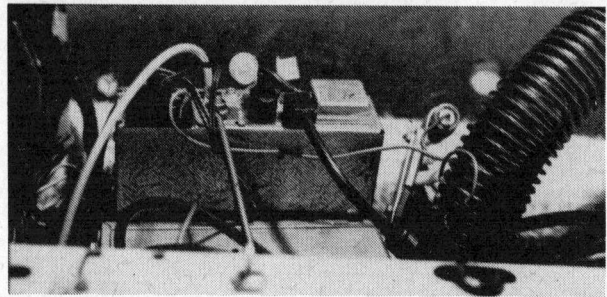

Bild 3.3. Autosuper- und Verkehrsfunkdekoder-Automatik-Bausteine für beliebige Montageorte

Bild 3.4. Bedienteil für Radio und Kassettengerät (am Platz des konventionellen Radios montiert) sowie Bedienteil für Verkehrsrundfunkautomatik

28

Moderne Geräte besitzen heute nur noch die Möglichkeit des Anschlusses an Bordnetze mit einer Spannung von 12 V (Minusanschluß an Masse). Damit sind für die Gerätetechnik und die Leistungsfähigkeit ganz erhebliche Vorteile verbunden, die in 6-V-Technik nicht realisierbar sind.

Auch in der KFZ-Technik selbst sind die Vorteile der 12-V-Bordanlage so groß und hinlänglich bekannt, so daß noch existierende 6-V-Anlagen heute international nicht mehr berücksichtigt werden. 6-V-Geräte sind deshalb nur vereinzelt noch feststellbar. Wer auf die beachtlichen Vorteile der Geräte mit 12-V-Technik auch bei 6-V-Bordnetz nicht verzichten will, ist gezwungen, einen geeigneten Spannungswandler (Transverter) 6 V/12 V zu verwenden (s. a. Abschn. 3.10.). Solche Spannungswandler werden von verschiedenen Herstellern ergänzend zu ihren Geräten angeboten.

Im gesamten internationalen Angebot, das sich teilweise auch in der DDR unter Einbeziehung aller Handelsbereiche widerspiegelt, ist eine sehr große Typenvielfalt vorhanden, die jedoch auf wenige charakteristische Gruppen (Klassen) mit verschiedenem Komfort in entsprechenden Preisklassen zurückführbar ist. Die angegebenen Geräte sind deshalb nur charakteristische Beispiele ohne Gewähr für die momentane Verfügbarkeit bzw. die Ablösung in der Produktion und Ersatz durch Nachfolgetypen.

Beim Erwerb der Geräte hat der Käufer vorab eine ganze Reihe von Überlegungen anzustellen, auf die im folgenden prinzipiell hingewiesen wird.

Da ist zunächst die Frage zu beantworten: Welche Abmessungen darf im gegebenen Fall ein Gerät wegen des verfügbaren Einbauraumes ohne Berücksichtigung von Komfortwünschen haben?

Vor allem ist diese Frage bei einigen Kleinwagentypen und auch dann zu klären, wenn vorhandener geringer Einbauraum genutzt werden soll und andere Montagearten eine unzumutbare Behinderung für die Insassen des Fahrzeugs ergeben oder gar erhöhte Verletzungsgefahr bei Unfällen entstehen würde. Im Angebot befinden sich einfache, beachtlich kleine Geräte, die im einfachsten Fall mit einem Empfangsbereich (MW oder UKW), aber auch mit mehreren Empfangsbereichen ausgestattet sind. Die moderne Technik bietet mit der zunehmenden Erhöhung des Integrationsgrades aktiver und passiver Bauteile in moderner Technologie die Möglichkeit, sehr kleine Geräte herzustellen. Meist werden bei Miniaturgeräten aber Zugeständnisse an den Bedienungskomfort und die Leistungsfähigkeit gemacht.

Für gehobene Ansprüche ist die Ausstattung der Autosuper mit dem Ultrakurzwellenbereich neben anderen Wellenbereichen charakterisiert. Die hohe Empfindlichkeit moderner Empfänger gewährleistet in UKW-versorgten Gebieten auch im Auto die vom Heimrundfunkgerät bei UKW-Empfang bekannten Vorteile, wie erhebliche Klangverbesserung und Störfreiheit. Nicht zuletzt ist der UKW-Bereich auch für Autoradio-Verkehrsfunk von besonderem Vorteil und Interesse.

Der besonderen Bedeutung (neben der allgemeinen) des UKW-Bereichs wird deshalb auch von einigen Herstellern erhöhte Beachtung gewidmet (Tesla, ČSSR; Videoton, Ungarn). In vielen sozialistischen Ländern wird für den UKW-Rundfunk der Frequenzbereich 66 bis 73 MHz benutzt (OIRT-Standard), während in allen anderen Ländern der UKW-Rundfunk im Frequenzbereich 87,5 bis 104 (108) MHz (CCIR-Standard) betrieben wird (auch in der DDR). Dieser Unterschied ist vor allem bei der Auslandstouristik von großer Bedeutung. Die vorgenannten Hersteller in sozialistischen Ländern produzieren deshalb Autosuper mit UKW-Bereich nach beiden Standards (mit einem UKW-

Empfänger mit OIRT-UKW-Bereich kann man auch den Fernsehton Kanal 4 – 67,75 MHz – empfangen).

In den grenznahen Gebieten der DDR kann man mit einem solchen Empfänger tschechoslowakische bzw. polnische UKW-Sender empfangen, abgesehen von der Möglichkeit des Empfangs der UKW-Sender in sozialistischen Gastländern, die den OIRT-Standard haben.

Größere Geräte oder deren Bedienteile werden überwiegend an vorgesehenen Stellen im Armaturenbrett eingebaut. Vereinzelt werden sie aber auch unter Verwendung entsprechender Blenden als Montagezubehör unter dem Armaturenbrett angebracht (Bild 3.5). Recht häufig werden sie auch in Konsolen eingebaut, die meist in der Mitte unter dem Armaturenbrett und/oder über evtl. vorhandenem Getriebe- oder Kardantunnel montiert werden (Bild 3.6).

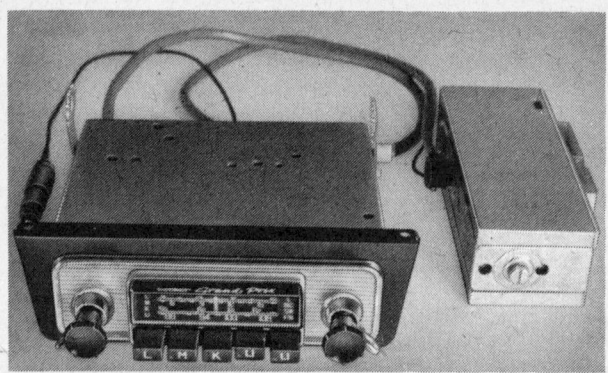

Bild 3.5. Suchlauf-Autosuper mit Stations-/Bereichstasten in Zweiblock-Bauweise, vorbereitet für Einbau unterhalb des Armaturenbretts

a) stehende Konsole (auf Kardantunnel)   b) hängende Konsole

Bild 3.6. Autosuper in Mittelkonsole eingebaut

Dabei kommt es darauf an, daß die Bedienelemente vom Fahrersitz aus leicht erreichbar sind, ohne daß die Aufmerksamkeit zum Verkehrsgeschehen unzulässig beeinträchtigt wird. Neben der Auswahl nach der Größe sind dann vor allem deshalb folgende Kriterien zu beachten, weil man bei höheren Ansprüchen auch fast immer eine akzeptable Einbaulösung finden kann.

3.2.1. Empfangsbereiche: LW, MW, KW, UKW (CCIR/OIRT)

Der *Mittelwellenbereich* (MW) genügt einfachen Ansprüchen im Heimatland. Die DDR-Sender sind in Mitteleuropa tagsüber außerhalb der Landesgrenzen je nach Entfernung mäßig, abends und nachts sehr gut hörbar, jedoch sind bei Weitempfang häufig Interferenzstörungen mit anderen Sendern vorhanden. Abends und nachts ist die MW in ganz Europa gut zu empfangen, aber oft durch Störungen beeinträchtigt.

Der *Langwellenbereich* (LW) ist neben dem Inlandempfang besonders für Reisende wichtig. Eine Reihe europäischer Länder bringt über Langwelle Touristikprogramme, oft auch in deutscher Sprache (auf See ist die Langwelle besonders weitreichend). In Mitteleuropa sind der DDR-Langweilensender und alle anderen LW-Sender der europäischen Länder je nach Entfernung tagsüber gut, abends und nachts sehr gut, in den übrigen Teilen Europas jedoch nur abends und nachts gut zu empfangen.

Der *Kurzwellenbereich* (KW) hat im Heimatland nur eine geringe Bedeutung. Für den Empfang außerhalb der heimatlichen Landesgrenzen ist jedoch das KW-49-m-Band bzw. evtl. auch das KW-41-m-Band unerläßlich. Das 49-m-(41-m-)Band erreicht von Sendern aller Länder alle Länder Europas einschließlich Nordafrika und wird deshalb auch „Europa-Band" genannt. Alle Empfänger mit KW enthalten zumindest das 49-m-, vielfach auch noch das 41-m-Rundfunk-Band. Die angegebene Entfernung wird zu jeder Tages- und Nachtzeit überbrückt. Aufgrund der hohen Senderdichte treten aber leider teilweise Interferenzstörungen auf, und besonders starke Sender überdecken schwache Sender. Für größere Entfernungen sind die anderen KW-Bänder erforderlich; in solchen Fällen muß auf KW-Adapter als Zusatzgeräte für Autosuper zurückgegriffen werden.

Der *Ultrakurzwellenbereich* (UKW) hat in jedem Land nur regionale Bedeutung. Die besondere Bedeutung von UKW ist aber durch die bekannten qualitativen Vorteile gegeben (höchste Klangtreue und Verständlichkeit, geringe Störbeeinflussung, Konstanz des Empfangs in den versorgten Gebieten und mögliche Stereo-Rundfunkübertragung). Der UKW-Bereich ist darüber hinaus besonders für den Verkehrsfunk über Autoradios von Vorteil. Es ist möglich, das Verkehrsgeschehen regionaler Bereiche mit Hilfe der für diese Bereiche vorgesehenen UKW-Rundfunksender direkt zu beeinflussen. (Näheres s. Abschn. 3.6.) Der UKW-Bereich ist also neben der qualitativ hochwertigen Unterhaltung besonders im Hinblick auf Verkehrsinformationen wichtig, deren Systeme in vielen Ländern von Bedeutung sind und denen entsprechende Beachtung geschenkt wird. Der UKW-Bereich im Autosuper ist neben allen vorgenannten Aspekten auch bei der Kaufentscheidung wichtig, und zwar hinsichtlich des bereits in einigen Ländern eingeführten bzw. vorgesehenen UKW-Verkehrsfunks und der Ergänzungsmöglichkeit von Anlagen mit entsprechenden Systembausteinen. Bei Nutzung der gebotenen Möglichkeiten im Ausland muß außerdem evtl. noch auf einen Zwei-Norm-UKW-Empfänger (CCIR/OIRT) orientiert werden.

3.2.2. Bedienungskomfort

Unter allen notwendigen Möglichkeiten der Bedienung insgesamt, die mit Dreheinstellern, Schaltern und Tasten für alle Funktionen neben Automatiken gegeben sind, kommt der Sendereinstellung die Hauptrolle zu.

Im einfachsten Fall gibt es die *Handeinstellung*. Höheren Komfort bieten daneben entweder für sich allein oder in Verbindung mit der Handeinstellung *Stationstasten* und automatischer *Suchlauf*.

Stationstasten werden im allgemeinen gleichzeitig zum Einstellen des gewünschten Wellenbereichs und für einen beliebig belegbaren Sender in diesem Wellenbereich benutzt. Mit einer bestimmten Mechanik – meist durch Herausziehen der Taste betätigt – wird der gerade auf der Skale eingestellte Sender gespeichert. Auch andere gesonderte Einstellmöglichkeiten zur Senderspeicherung sind bekannt.

Beim Drücken der Stationstaste erscheint immer zuerst der gespeicherte Sender – wobei natürlich jeder beliebige Sender des Bereichs einstellbar (speicherbar) ist. Danach kann durch Handabstimmung oder Suchlauf jeder andere Sender eingestellt werden. Diese Technik läßt also den oft gehörten Sender sofort bei Tastendruck erscheinen. Eine weitere Ausbaustufe ist durch mehrere Tasten für einen oder mehrere Wellenbereiche gegeben. Dies bedeutet eine große Erleichterung bei der Stationssuche, da jeder Rundfunkhörer die Sender bevorzugt einstellt, die ihm am häufigsten das seinen Wünschen entsprechende Programm bieten. Deshalb also haben manche Autosuper für einen oder mehrere Bereiche mehrere Bereichs-(Stations-)Tasten.

Die Handabstimmung ist meist recht mühselig. Die Lösung dieses Problems ist der Sendersuchlauf – eine Automatik, die dem Benutzer des Geräts auf einfachen Start ein zusagendes Programm sucht. Es gibt mechanische Systeme mit Motorantrieb oder mit Federwerken, die von einem Elektromagneten aufgezogen werden. Daneben setzt sich der vollelektronische Sendersuchlauf immer mehr durch. Dieser arbeitet beim Suchen sehr exakt und ist äußerst betriebssicher, vor allem ist er raumsparend. Es gibt jedoch auch noch zuverlässig arbeitende mechanische Systeme, die aber aus verschiedenen Gründen an Bedeutung verlieren dürften. Beim Suchlauf gibt es zwei Varianten: Einmal wird der Suchlauf in einem festen Ablauf, z. B. auf Knopfdruck gestartet, zum anderen ist Rechts- oder Linkslauf, z. B. mittels einer Startwippe sofort beeinflußbar. Letztere Möglichkeit hat größere Vorteile. Der Suchlauf startet einsprechend, hält beim nächsten empfangbaren Sender automatisch an und stellt optimal (scharf) ein. Dabei weisen alle Suchlaufautomatiken eine besondere Einstellmöglichkeit für die Empfangsempfindlichkeit auf. Entweder werden in einer empfindlichen Schaltstufe alle ankommenden Sender erfaßt oder in einer zweiten Stufe ausschließlich Sender mit einer bestimmten hohen Signalstärke (Bild 3.7). Letzteres ist bei hohem Störeinfluß, in den Abend- und Nachtstunden beim LMK- und immer beim UKW-Stereo-Empfang unerläßlich, UKW-Mono-Empfang ist dabei natürlich auch stabil gesichert.

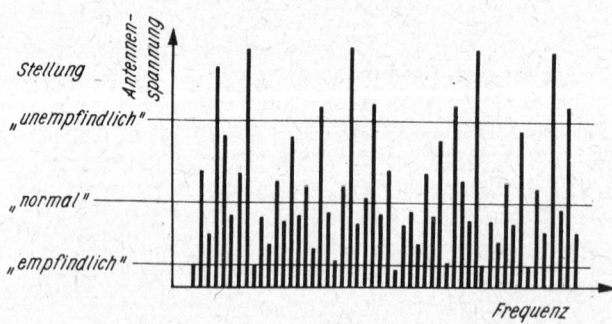

Bild 3.7. Wirkung des Empfindlichkeitsschalters bei Suchlauf-Empfängern

3.2.3. UKW-Stereo-Empfang

Der UKW-Mono-Empfang ist heute bereits bei Autosupern weit verbreitet, man kann fast sagen „Standard".

Die meisten UKW-Sendungen erfolgen jedoch heute bereits stereofon, und die außerordentliche Verbesserung und Bereicherung durch „Stereo" ist vom Heimrundfunk her ausreichend bekannt. Dabei werden bei Heimrundfunkempfang aber oft besondere Bedingungen gefordert bzw. arrangiert. Im Auto erscheinen die Möglichkeiten dazu sehr begrenzt, und man ist geneigt, im Auto zunächst nicht das Klangerlebnis wie bei Heimanlagen zu erwarten. Mit dem Begriff „Stereo" sind besondere Erwartungen hinsichtlich der gewohnten Transparenz und des volltönenden Klanges verbunden. Stereo-Übertragungen erfolgen, wie bekannt, über zwei Kanäle (Links/Rechts). Diese Technik ist auch im Auto ein besonderes Erlebnis. Die Transparenz und Klangfülle treten gleichermaßen auf, ohne im Auto erdrückend zu wirken, der Gesamteindruck ist im Gegenteil gegenüber „Mono" überraschend und viel angenehmer. Wer „Stereo" im Auto kennengelernt hat, möchte dies nicht mehr missen, und wenn ein Rundfunkempfang nicht gegeben ist, erfolgt viel öfter der Griff auch zur Stereo-Kassette.

An die Gerätetechnik und den Empfang sind gewisse Bedingungen zu stellen:
a) Der Empfang muß ausreichend und stabil sein.
b) Der Autosuper muß gleichermaßen empfindlich und „großsignalfest" sein.
Einfache Stereo-Autosuper lassen sich von Hand zwischen „Mono" und „Stereo" umschalten. (Abgesehen von der immer vorhandenen Umschaltung des Dekoders durch die vom Sender ausgestrahlte Steuerfrequenz, den sogenannten Pilotton. Diese Umschaltung ist auch auf eine Mindestantennenspannung im Gerät einstellbar.) Stereoempfang erfordert allerdings systembedingt etwa die 10fache Antennenspannung für gleichen Signal/Rauschabstand. („Stereo-Autoantennen" gibt es übrigens technisch nicht, solche Bezeichnungen entspringen ausschließlich „geschäftstüchtigen" Werbemethoden bestimmter Hersteller.) Deshalb ist Stereoempfang auf einen kleineren Umkreis um den Sender gegenüber Monoempfang beschränkt und hängt darüber hinaus von den geographischen Gegebenheiten ab.

Einfache handumschaltbare Empfänger (Mono/Stereo) ergeben deshalb bei Stereo nur in bestimmten Gebieten stabilen und rauschfreien Empfang. Wird dieses Gebiet verlassen, tritt stark wechselndes und sehr schnell ein unangenehmes Rauschen ein, das dann den Stereo-Effekt in Frage stellt. Hochwertige Empfänger besitzen deshalb eine sog. gleitende automatische Mono/Stereo-Umschaltung. Dadurch erfolgt ein kaum bemerkbarer Übergang unter wechselnden Bedingungen von Stereo in Mono bei absinkender Feldstärke. Es wird also ohne manuelles Zutun die bei UKW allgemein bekannte Reichweite ohne weiteres erreicht, und man hat bei ausreichender Feldstärke automatisch den vollsten Hörgenuß.

3.2.4. Automatische Störunterdrückung (ASU)

Unter dieser oder ähnlichen anderen Bezeichnungen wurden im Zuge der Weiterentwicklung der Autoradiotechnik in letzter Zeit Schaltungsanordnungen bekannt und eingesetzt, die die bisher bekannten außerordentlichen Schwierigkeiten bei der UKW-Entstörung der Fahrzeuge weitgehend beseitigt haben. (Es gibt Fahrzeuge, bei denen eine Entstörung mit vertretbarem Aufwand nicht möglich war bzw. ist.) Diese Schaltungsanordnungen haben außerdem den Vorteil, auch bei solchen Störquellen wirksam zu sein, die der Entstörung nicht ohne weiteres zugänglich sind (fremde Kfz, Bahnen, Industriestörungen usw.). Es sind dies relativ aufwendige Schaltungsanordnungen mit diskreten aktiven und passiven Bauelementen und/oder integrierten Schaltkreisen. Dieser Schaltungsaufwand ist aber gegenüber dem hohen bisher erforderlichen Entstöraufwand an der Störquelle gerechtfertigt, da eine wirksame UKW-Entstörung an der Störquelle

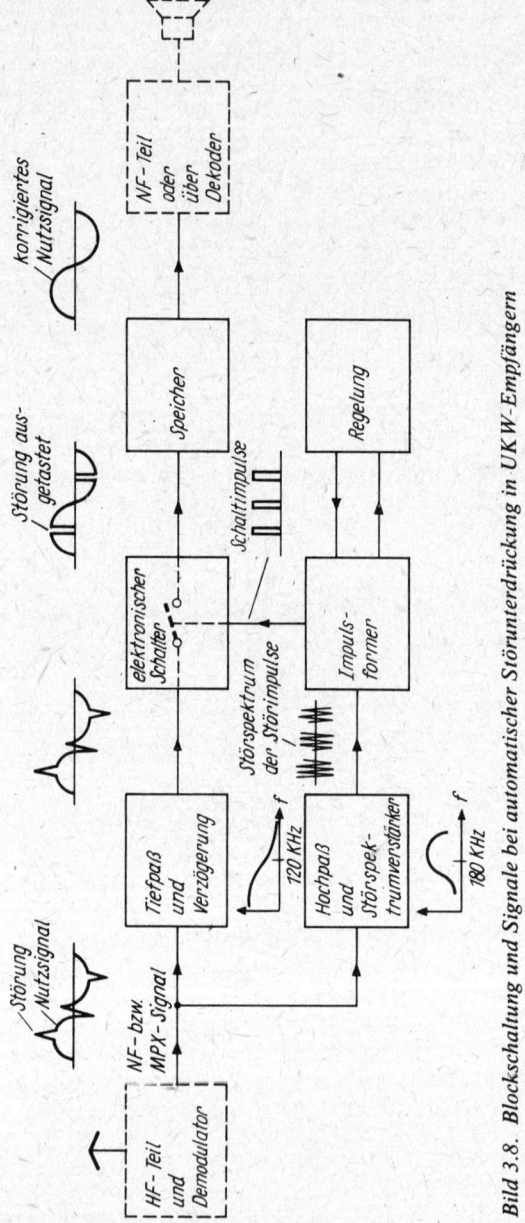

Bild 3.8. Blockschaltung und Signale bei automatischer Störunterdrückung in UKW-Empfängern

sehr aufwendig und teuer ist. Mit ASU kann dieser konventionelle hohe Aufwand stark reduziert werden bzw. entfallen. (Es sind meist nur noch die ohnehin für LMK-Entstörung erforderlichen Maßnahmen notwendig. ASU-Schaltungen sind entweder in hochwertigen Empfängern heute bereits enthalten oder bei Bausteinkonzepten als ASU-Baustein in den MPX-Signalweg [s. a. Abschn. 3.6.] einfügbar und damit voll wirksam.)

Erklärung Das MPX-Signal ist ein komplexes Signalgemisch, das von UKW-Stereo-Sendern ausgestahlt wird. Es enthält das Mono-Signal (R + L) und das Rechts-Links-Differenzsignal, das für Stereowiedergabe notwendig ist, sowie Steuersignale (Pilotfrequenz) für die Stereo-Dekodierung. Gegebenenfalls sind weitere Signale für die verschiedensten Zwecke enthalten, z. B. für allgemeine und spezifische Kennungen für Verkehrsrundfunk oder für andere Möglichkeiten.

Das Mono-Signal ist aus Kompatibilitätsgründen mit der bisherigen Mono-Technik ohne weiteres im MPX-Signal verfügbar. Mit einem Stereo-Dekoder können die Signale für den rechten und linken Stereokanal gewonnen werden. Gegebenenfalls werden mit Verkehrsdekodern Kennungen und Signale für z. B. Automatiken des entsprechenden Systems gewonnen.

In diesem Rahmen ist zwar nicht an detaillierte Schaltungsbeschreibungen gedacht, aber zum besseren Verständnis sei die Wirkungsweise solcher Störunterdrückungsschaltungen anhand des Bildes 3.8 angedeutet.

Störimpulse haben allgemein in der Amplituden/Zeit-Darstellung ein nadelförmiges Aussehen. Sie erreichen im starken Störungsfall eine hohe Spitzenwertamplitude im Vergleich zum Nutzsignal, sind aber andererseits meist von kurzer Zeitdauer. Das sind Merkmale, die die Störsignale von den Nutzsignalen unterscheiden, wodurch auch ihre Erkennbarkeit und Austastung grundsätzlich möglich ist. Die Störungen werden im NF- bzw. MPX-Signalweg unterdrückt. Zu diesem Zweck wird der Signalweg in zwei Zweige aufgespalten. In einem Zweig wird das NF- bzw. MPX-Signal unter Absperrung aller hohen, nicht benötigten Frequenzen übertragen und mittels geeigneter Schaltungen zeitlich verzögert. Das Nutzsignal erscheint demnach am Ausgang so zeitlich spät, nachdem es am Eingang anlag, daß zwischenzeitlich im zweiten Signalweg die Störungen erkannt und in der Folge während ihrer Zeitdauer im Nutzsignalweg ausgetastet werden können. Die Erkennung der Störungen erfolgt so, daß im Eingang des zweiten (Störsignal-)Weges das Nutzsignal ausgesperrt wird und nur oberhalb der höchsten übertragenen Nutzfrequenz Signalanteile die Schaltungen passieren können. Diese hochfrequenten Signalanteile bestehen nur bei vorhandenen Störungen als Teil des Störspektrums. Mit diesen erkannten und gewonnenen Störsignalen wird nach entsprechender Aufbereitung ein elektronischer Schalter am Ausgang des Nutzsignalweges gesteuert. Dieser sperrt während der Zeitdauer der (kurzen) Störimpulse den Nutzsignalweg und hält den Wert der Nutzsignalamplitude während der Sperrung etwa konstant. Die Störungen werden also ausgetastet, ohne daß man im Regelfall dies bei der Rundfunkwiedergabe nachteilig bemerkt.

Aus dieser kurzen Funktionsdarstellung sind auch die Grenzen solcher Schaltungsmaßnahmen erkennbar. Störungen bis zu 50 % des Nutzsignals können so ohne praktisch hörbare Beeinträchtigung ausgetastet werden. Bei höheren Störgraden kommt es zu hörbaren Verzerrungen. Deshalb wird bei sehr starken Störungen die Austastung durch Regelschaltungen zurückgeregelt, weil leichte „Störunterlegungen" günstiger als starke Verzerrungen anzuhören sind. Im Extremfall schaltet eine solche Schaltung bei sehr starken Störungen bzw. sehr schwachem Nutzsignal „auf Durchgang" ohne Störaustastung. Dieser Fall tritt aber praktisch bei empfangswürdigen Sendern nicht auf, sondern nur dann, wenn das Nutzsignal so schwach wird, daß die auftretenden Schwankungen bereits zu Rauscheinbrüchen und damit ohnehin zur „Unbrauchbarkeit" solcher (weitentfernter) Sender führen.

Die automatische Störunterdrückung bei UKW ist eine sehr wirksame Maßnahme, die zu einer wesentlichen Störbefreiung und Reduzierung des Entstöraufwands führt und bei manchen Autotypen und Zubehörartikeln (elektronische Autoantennen) erst voll befriedigende Ergebnisse ermöglicht.

3.2.5. Sonstige Details

Bei der Auswahl eines Autosupers ist ergänzend zu beachten, ob evtl. an eine Erweiterung durch andere Geräte bzw. Bausteine gedacht ist oder die Möglichkeit dazu offengelassen werden soll. Es sollte aber auch beachtet werden, ob evtl. eine andere Gerätekategorie günstiger ist, wie z. B. Kassetten-Autosuper als Kombinationsgerät, eingebaute Verkehrsfunktechnik, Kombinationen aus Autoradio und CB-Gerät (in der DDR nicht zugelassen). Bei all diesen genannten Erweiterungen müssen die verfügbaren Bausteine (s. folgenden Abschnitt) anschließbar sein, was bisher nur bei gleichem Hersteller und entsprechendem Konzept möglich ist.

Bei den Empfängerskalen findet man zur Sendersuche im wesentlichen drei Systeme (blendfrei bei Nacht ist Stand der Technik):
a) die konventionelle Skale mit mechanisch angetriebenem Zeiger,
b) Leuchtpunktanzeige (LED) oder Anzeige mittels Spannungsmeßinstruments (in Frequenzen markiert) und
c) Display-Anzeige der Frequenz des Senders durch Ziffern, die gegebenenfalls auch zur Zeitanzeige verwendet werden können.

Die Skale nach a) erfordert relativ viel Platz, trotzdem ergibt sich eine ungenaue Senderanzeige, sie ist aber noch weitverbreitet.

Die Skalen nach b) und c) findet man meist bei vollelektronischen Geräten, dabei ist die Leuchtpunktanzeige auch relativ ungenau. Die Display-Anzeige der Senderfrequenz ermöglicht dagegen die exakte Bestimmung des eingestellten Senders, da die Senderfrequenzen international festgelegt sind und sehr genau eingehalten werden.

Allgemein reichen aber meist die Skalen nach a) und b) aus, da ohnehin bei der Sendersuche oft nur „durchgedreht" wird, ob von Hand oder mittels Suchlauf ist dabei an sich belanglos. Man kennt ja auch ungefähr die Skalenanzeige der gewünschten Sender. Verkehrsfunksender sind in Ländern, in denen solche Systeme bestehen, ohnehin mit elektronischen Kennungen versehen.

Eine Display-Frequenzanzeige gestattet aber in jedem Fall, auch unbekannte Sender (im Ausland) in Verbindung mit einer Sendertabelle zu identifizieren.

3.3. Kassettenautosuper

Diese Gerätekategorie ist eine Kombination eines vollwertigen Autosupers mit einem Kassettenrecorder – ähnlich wie bei den bereits seit langem bekannten und weitverbreiteten Radiorecordern als Portable. Die Entwicklung der Tonband-Kassettentechnik in Form der Kompaktkassette hat zu einer hohen Beliebtheit und weiten Verbreitung geführt, die selbstverständlich auch im Autobetrieb entsprechende Vorteile hat. Übliche Radiorecorder (Portable) sind jedoch nicht für den Einsatz im Kfz konzipiert und halten den dabei auftretenden Beanspruchungen im allgemeinen auch nicht lange stand. Unbefestigte Geräte im Auto bilden außerdem eine Gefahrenquelle und ergeben bei der Handhabung eine Ablenkung vom Verkehrsgeschehen. Vom Betrieb solch ungeeigneter Geräte im Auto ist daher abzuraten.

Es ist heute technisch möglich geworden, in einem Normgehäuse für Autosuper außer der Technik eines vollwertigen Autosupers gleichzeitig auch ein für Autobetrieb geeignetes Kassettenlaufwerk unterzubringen und somit einen neuen bedarfsgerechten Gebrauchswert zu realisieren, der vielen Käuferwünschen aufgrund der Beliebtheit der Kassettentechnik entspricht (Bild 3.9).

Bild 3.9. Kassettenautosuper für (L)M(K)-Empfang und Stereo-Kassettenwiedergabe mit der Kassetten-Eingabeöffnung über der Rundfunkskale

Für die Kategorie der Kassettenautosuper gelten hinsichtlich des Radioteils in vollem Umfang die Ausführungen des Abschnittes 3.2. Die Technik der Kassettenrecorder und die entsprechende Bedienung kommen lediglich hinzu. In welchem Umfang die verschiedenen Techniken und Gebrauchswerte realisiert werden können, hängt von den eingesetzten Bauteilen und der Technologie ab — alles ist dann letztlich auch eine Preisfrage. In diesem Rahmen ist es nicht notwendig, auf die Kassettentechnik an sich näher einzugehen.

Bei der Gerätewahl ist zu unterscheiden, ob für den Kassettenteil entweder nur Wiedergabe in Mono oder Stereo — oder Aufnahme und Wiedergabe in Mono oder Stereo vorgesehen ist. Die Wiedergabemöglichkeit in Mono ist die einfachste Kategorie. Es bedarf an sich keiner besonderen Betonung, daß bei der Kassettentechnik, die für Stereo ausgerüstet ist, aufgrund der entsprechenden Spurlage auf dem Band, eine Mono-Wiedergabe (bzw., soweit vorgesehen, auch eine Aufnahme) ohne weiteres möglich ist.

Stereo-Kassetten können z. B. also auch immer in Mono abgespielt werden.

Die Frage, ob eine Aufnahmemöglichkeit bei Autokassettenbetrieb zweckmäßig sei, ist teilweise umstritten. Als nachteilig werden geltend gemacht:
– die geringe Tonqualität bei stabilem Empfang auf LMK und
– schwankender Empfang auf UKW während der Fahrt.
Diese Argumente treffen aber nur teilweise zu.

Warum sollte sich der Benutzer vorschreiben lassen, daß LMK-Aufnahmen unzureichend sind? Die Praxis beweist, daß es verbreitet gemacht wird. Die

Schwankungen bei UKW während der Fahrt sind in UKW-versorgten Gebieten bei Empfang der geeigneten Sender völlig vernachlässigbar. Und viele Kraftfahrer haben beispielsweise bei Wartezeiten oder als Hobby genügend Muße, auch hochwertige (Stereo-)Aufnahmen von nahen und auch weit entfernten Sendern bei günstigem Standort zu machen.

Letztlich hat auch eine Aufnahmemöglichkeit über ein Mikrofon (möglichst mit Schnell-Start-Stop-Schalter für die Kassette) als Diktiergerät oder „elektronisches Notizbuch" im Auto durchaus eine Berechtigung.

Unter allen Aspekten ist also eine Aufnahmemöglichkeit durchaus vorteilhaft bzw. hat sogar einen hohen Gebrauchswert. Eine Endabschaltung des Laufwerks bei Kassettenende und Bandriß ist bei Auto-Kassettenrecordern obligatorisch vorhanden. Meist wird auch bei Kassettenende automatisch auf Radioempfang oder beliebig oft auf die andere Spur umgeschaltet (Autoreverse).

3.4. Auto-Kassettenrecorder

Unter dieser Gerätekategorie werden Kassettenrecorder verstanden, die für Autobetrieb konzipiert sind und den auftretenden Belastungen in jeder Hinsicht gerecht werden. Es sind dies vor allem Stoß-, Vibrations- und Rüttelfestigkeit bei Beibehaltung der Laufwerkparameter (Bandgeschwindigkeit, Gleichlaufschwankungen usw.) und nicht zuletzt die hohe mögliche Temperaturdifferenz, die oft bei Radiorecordern (Portable) zu besonderen Schwierigkeiten für den Betrieb führen.

Eine weitere Besonderheit bei diesen Geräten ist die spezielle Gehäusegestaltung, für die es im wesentlichen zwei Varianten gibt. Zum einen werden diese Geräte in Gehäusen untergebracht, die maximal die Größe der Normgehäuse für Autoradios aufweisen und insbesondere in den in Armaturenbrettern vorhandenen Norm-Blendenausschnitt für Autoradios ohne weiteres passen (Bild 3.10). Sie können mithin, z. B. anstelle eines Autoradios, meist ohne weiteres eingebaut werden. Zum anderen sind solche Gehäuse z. B. für Montagen unterhalb des Armaturenbrettes, an Konsolen usw. ausgelegt.

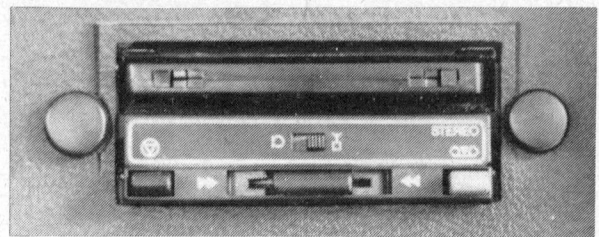

Bild 3.10. Einbau-Auto-Kassettenrecorder für Stereo-Aufnahme/Wiedergabe mit Schnell-Stop-Taste und Mikrofonanschluß

Es gilt zu beachten, ob diese Geräte selbständig funktionsfähig sind, weil für den Anschluß an das Autoradio u. U. keine Möglichkeit besteht. Solche Ausführungen ermöglichen natürlich auch nur Kassetten-Wiedergabe (Bild 3.11). Jedoch besteht dabei meist die Möglichkeit, daß vorhandene Lautsprecher des Autoradios mit Hilfe eines Umschaltrelais (im Recorder) mit benutzt werden können.

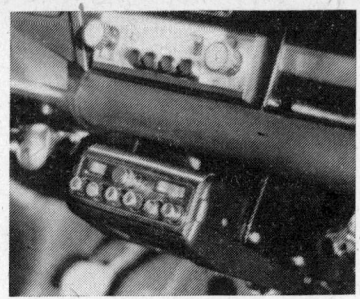

a) hängende Montage   b) stehende Montage (AK 75)

Bild 3.11. Auto-Kassettenrecorder für Unter-Armaturenbrett-Einbau (für Mono-Wiedergabe mit eigenem Verstärker)

Andererseits gibt es Recorder, die in Verbindung mit einem geeigneten Autoradio betrieben werden. Es handelt sich dabei um Bausteinkonzeptionen.

Eine Zusammenstellung ist meist nur bei Geräten vom gleichen Hersteller möglich. Diese Konzeptionen ermöglichen aber alle im Abschnitt 3.3. angegebenen Varianten des Betriebes entsprechend der Ausführung.

3.5. Lautsprecher und ihre Anordnung

Dem richtigen Lautsprecher (bzw. gegebenenfalls mehreren) im Auto kommt eine sehr große Bedeutung zu, da erst mit ihm die guten Eigenschaften der elektronischen Geräte wirksam werden. Ungünstige Typen stellen das Gesamt-Klangergebnis völlig in Frage. Dabei sind einmal die Lautsprecher mit ihren Eigenschaften selbst zu beachten, und zum anderen spielt die Lautsprecherbestückung und -anordnung eine weitere entscheidende Rolle.

3.5.1. Lautsprechertypen

Grundsätzlich sind Einbau- und Aufbaulautsprecher zu unterscheiden. Die elektrischen Hauptkennzeichen sind der übertragbare Frequenzbereich (er sollte möglichst groß sein) und die Leistung. (Vielfach wird von „Sinusleistung" und „Musikleistung" in Werbeunterlagen gesprochen. Maßgeblich ist dabei die „Sinusleistung", die „Musikleistung" ist bei gleichen Lautsprechern einfach nur etwa der doppelte Zahlenwert!) Die Lautsprecherleistung sollte mindestens dem Wert der Ausgangsleistung der Geräte (Autosuper) entsprechen, die doppelte bis dreifache Leistung des (oder der) Lautsprecher wirkt sich aber immer günstig im Klang durch niedrigen Lautsprecherklirrfaktor aus. Übersteuerte Lautsprecher bei starken Fahrgeräuschen können nur als zusätzliche „Lärmerzeuger" wirken. Frequenzbereich und Leistung sind den technischen Daten der Lautsprecher zu entnehmen. Trotzdem klingt jeder Lautsprechertyp bei einem Hörvergleich anders. Das hat viele Gründe, auf die in diesem Rahmen nicht vollständig eingegangen werden kann. Ein Hörvergleich bei der Auswahl der Typen ist aber in jedem Falle anzuraten (Lautsprecher an eine gute Tonquelle, z. B. UKW-Empfänger, anschließen).

Man muß beachten, daß es sogenannte offene Systeme (Einbaulautsprecher) und geschlossene Systeme (Aufbaulautsprecher, Boxen) gibt.

Einbaulautsprecher erreichen ihre volle akustische Wirkung (Klang) erst in der vorgesehenen endgültigen Montageanordnung und sind daher einem Hörvergleich ohne Einbau nicht ohne weiteres zugänglich.

Aufbaulautsprecher haben bereits ihre endgültigen (Klang-)Eigenschaften ohne Einbau und verändern diese durch den Einbau kaum (Boxen) (Bild 3.12). Aus der Gehäuseform (quader-, kugel-, halbkugelförmig) lassen sich keine Rückschlüsse auf die Eigenschaften ziehen.

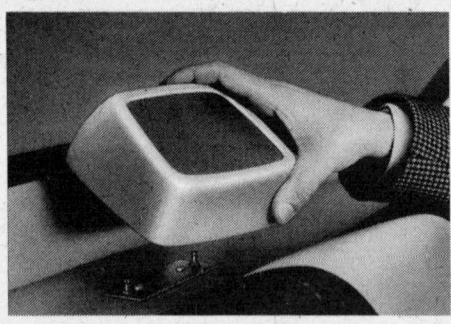

Bild 3.12. Abnehmbarer Auto-Aufbau-Lautsprecher

Kleine Lautsprecher übertragen schlecht tiefe Töne. Das Klangbild ist daher unnatürlich, bei sehr großen Typen ist wiederum die Abstrahlung der hohen Töne benachteiligt.

Systeme für höchste Ansprüche haben daher auch für Autoanwendung zwei oder sogar drei Einzelsysteme in einer Anordnung (Zwei- oder Drei-Wege-Box).

Sogenannte (echte) Breitbandlautsprecher mit einer Leistung von etwa 10 W (Sinus) erfüllen auch hohe Ansprüche. Von zu kleinen Typen kann man allgemein keinen besonderen Klang erwarten – aber, wie gesagt, es gibt gewisse Unterschiede. Auf (Stereo-)Lautsprecher in Kopfstützen sei der Vollständigkeit halber hingewiesen.

Die Lautsprecher müssen die für das Gerät geeignete Nennimpedanz (meist 4 Ω) allein oder in Zusammenschaltung aufweisen. Die geräteseitig zulässige Anschlußimpedanz darf keinesfalls unterschritten werden, dagegen ist eine Überschreitung bei Leistungseinbuße möglich.

3.5.2. Lautsprecheranordnung

Der konventionelle Lautsprechereinbau in Mono-Technik erfolgt im Armaturenbrett (Bild 3.13a). Er leidet aber ganz erheblich unter dem dort herrschenden Platzmangel, so daß wider besseres Wissen dort relativ kleine Lautsprecher eingebaut werden, deren Klangeigenschaften nicht befriedigen. Im Armaturenbrett findet man teilweise die frontale Einbaumöglichkeit, in der der Schall direkt in den Fahrgastraum abgestrahlt wird. Gleichermaßen ist es möglich, den Lautsprecher auf der Oberseite des Armaturenbrettes so einzubauen, daß die Schallabstrahlung auf die Frontscheibe gerichtet ist, dort reflektiert wird und so in den Fahrgastraum gelangt (Bild 3.13b).

Diese beiden Montagearten sind etwa gleichwertig.

Besteht keine Einbaumöglichkeit in der Nähe des Armaturenbrettes, wird ein Lautsprecher – als günstigste Möglichkeit – im Heck in der Hutablage montiert. Bei Einbaulautsprechern werden diese meist durch Ziergitter abgedeckt. Aufbaulautsprecher erfordern nur eine geeignete Befestigung. (Lose aufgestellte Typen bilden Gefahrenquellen.) Außerdem gibt es Lautsprechertypen, die für einen Einbau in der Türverkleidung vorgesehen sind. Sofern der Raum es zuläßt, sind gegebenenfalls z. B. auch Kugelboxen unterhalb des Armaturenbrettes anzuordnen, dabei muß die Schallabstrahlung aber schräg nach oben gerichtet sein, um einen befriedigenden Klangeindruck zu erhalten – diese Anordnung ist aber vielfach aus Platz- und Behinderungsgründen nicht praktikabel.

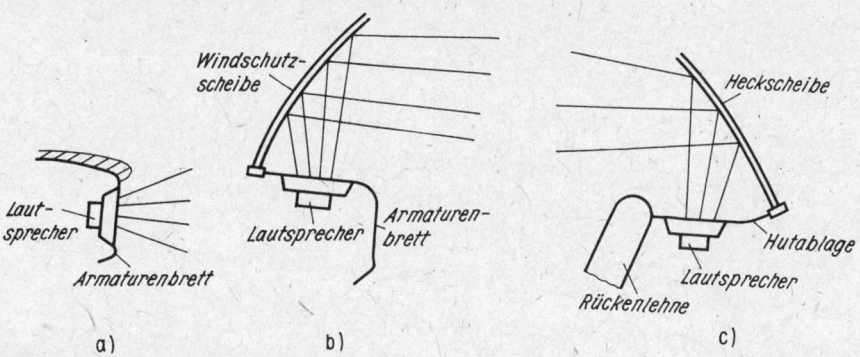

Bild 3.13. Lautsprechereinbaumöglichkeiten in PKW

a) frontaler Einbau in das Armaturenbrett und direkte Schallabstrahlung zu den Fahrzeuginsassen
b) Einbau in die Oberseite des Armaturenbrettes und indirekte Schallabstrahlung zu den Insassen (Reflexion an der Windschutzscheibe)
c) Einbau in die Hutablage im Heck und indirekte Schallabstrahlung zu den Insassen (Reflexion an der Heckscheibe)

Theoretisch kann man einen oder mehrere Lautsprecher an jeden beliebigen Ort im Innenraum von Autos anordnen. Es gibt aber eine ganze Reihe von Orten, die akustisch sehr ungünstig sind. Deshalb hat sich ganz allgemein eine gewisse Standardanordnung in mehreren Varianten als besonders vorteilhafte Lösung herausgebildet.

Ein guter Klang wird also neben der entsprechenden Lautsprecherauswahl auch durch eine ausgewogene Beschallung erreicht. Es ist allgemein aus der Akustik bekannt, daß mit besonderen Beschallungsmaßnahmen ein guter Klang bzw. eine hohe Verständlichkeit trotz relativ geringer Leistung eben durch geeignete Anordnungen erreichbar sind. Lautsprecher-Mehrfachanordnungen sind daher sehr vorteilhaft, man kann die Lautsprecher leiser einstellen und hört trotzdem alles besser und vor allem angenehmer. Das Gehör wird entlastet. Dies ist ein sehr wichtiger Vorteil – nicht nur auf langen Fahrten. Viele Vorbehalte bestehen nicht zuletzt gegen „Berieselung" aller Art im Auto wegen nicht sinnvoller Nutzung der Unterhaltungselektronik im Auto.

Optimale Lautsprecher-Anordnung:

a) Mono-Wiedergabe (Bild 3.14a)
   Vorteilhaft werden zwei Lautsprecher verwendet, einer vorn in der Mitte (Armaturenbrett) und einer im Heck in der Mitte (Hutablage).

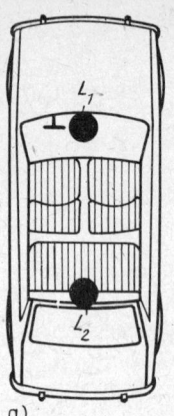 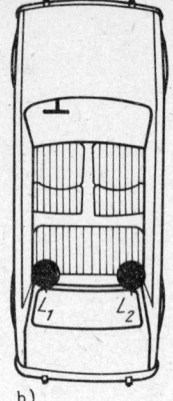 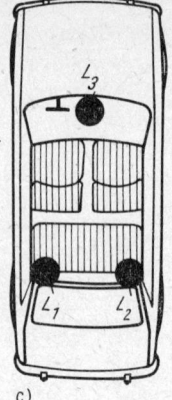 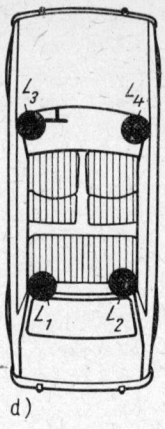

a)   b)   c)   d)

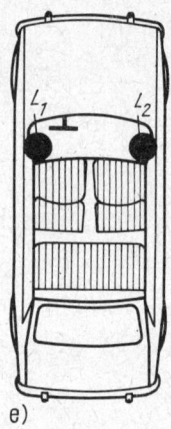

Bild 3.14. Günstige Lautsprechermehrfachanordnungen
a) zwei Lautsprecher für Mono-Wiedergabe (vorn, hinten)
b) zwei Lautsprecher für Stereo-(Mono)-Wiedergabe (hinten links und rechts)
c) drei Lautsprecher für Stereo-Wiedergabe (einmal vorn, zweimal hinten)
d) vier Lautsprecher für Stereo-Wiedergabe (zweimal vorn, zweimal hinten)
e) zwei Lautsprecher für Stereo-Wiedergabe (vorn: Türlautsprecher)

e)

b) Stereo-Wiedergabe (3.14b bis 3.14e)
– Im einfachsten Fall werden zwei Lautsprecher rechts und links – möglichst weit auseinander – im Heck (Hutablage) angeordnet (auch bei Mono-Wiedergabe guter Klangeindruck durch die räumliche Verteilung).
– Bessere Beschallung erzielt man mit drei Lautsprechern. Davon wird einer vorn in der Mitte angeordnet (Armaturenbrett) und möglichst mit dem Summensignal gespeist. Zwei weitere Lautsprecher werden entsprechend Bild 3.14b im Heck angebracht.
– Die günstigste Beschallung ermöglicht eine Anordnung mit vier Lautsprechersystemen – zwei vorn (rechter und linker Kanal) sowie zwei hinten (rechter und linker Kanal).
Die vorderen Anordnungen und Typen richten sich nach den Möglichkeiten (Einbaulautsprecher im Armaturenbrett, Türlautsprecher, Kugelboxen unter dem Armaturenbrett). Die hinteren Anordnungen werden nach Bild 3.14b ausgeführt (Einbau- oder Aufbaulautsprecher, s. u. Bild 3.15).
– Eine einfache Möglichkeit besteht auch darin, zwei Lautsprecher anzubringen, z. B. in den Türverkleidungen. Allerdings ergeben sich dann einige Probleme bei der Leitungsverlegung.

Bild 3.15. Halbkugel-Breitbandlautsprecher für Stereo-(Mono-) Wiedergabe im Fahrzeugheck

Lautsprecher-Zusammenschaltung:

Bei Mehrfach-Anordnungen erfolgt im einfachsten Fall eine direkte Zusammenschaltung – bei Stereo getrennt für rechten und linken Kanal.

Wichtig und daher besonders zu beachten ist die niedrigste zulässige Anschlußimpedanz der Geräte (meist größer als 4 Ω). Mehrere 4-Ω-Lautsprecher müssen daher z. B. in Reihe, dagegen können 8-Ω-Lautsprecher parallelgeschaltet werden (bei zwei Lautsprechern).

Bei einer Anordnung von vier Lautsprechern für Mono-Wiedergabe können bei 4-Ω-Lautsprecherimpedanz jeweils zwei in Reihe und diese zwei Gruppen wieder parallelgeschaltet werden.

Bei der Zusammenschaltung von Lautsprechern muß auf Gleichphasigkeit geachtet werden! (Vorhandene Leitungen sind deshalb meist farbig gekennzeichnet.) Es entstehen sonst „Löcher" in der Schallverteilung. Weit vorteilhafter geschieht die Zusammenschaltung aller Varianten (zwei Lautsprecher Mono, drei Lautsprecher Stereo, vier Lautsprecher Stereo) jedoch mittels entsprechender *Überblendregler.*

Mit diesem kann entsprechend der Anleitung immer eine richtige Zusammenschaltung erreicht werden. Mittels eines Steuerknopfes lassen sich die einzelnen Lautsprecher unterschiedlich in der Lautstärke (vorn, hinten, rechts, links) zwischen „Aus" und „Maximum" regeln. Damit läßt sich die absolut optimale Beschallung und damit die Klangqualität vorteilhaft einstellen.

3.6. Autoverkehrsfunktechnik

Der in allen Ländern immer dichter werdende Straßenverkehr ergibt zunehmende Probleme hinsichtlich seiner Beeinflussung und Lenkung. In einigen Ländern mit besonders hohem Verkehrsaufkommen werden dazu heute spezielle Verkehrslenkungs- und -steuerungssysteme entwickelt, die bis zur direkten Anweisung für Kraftfahrer reichen.

In der DDR und vielen anderen Ländern wird z. Z. noch die Möglichkeit genutzt, entsprechende Hinweise über den Rundfunk, meist im Zusammenhang mit den Nachrichtensendungen, an die Kraftfahrer zu geben. In verschiedenen Touristenländern erfolgen solche Hinweise auch mehrsprachig. Nachteilig ist dabei, daß solche Hinweise oft die angesprochene Zielgruppe aus vielen Gründen nicht erreichen, besonders aber deshalb, weil die zutreffenden Hinweise meist rein zufällig abgehört werden. Diese Zufälligkeit läßt sich weitgehend mit technischen Mitteln beseitigen, so daß die Information über das Autoradio – als einem sehr geeigneten Mittel – gesichert ist. In Ländern mit sehr hohem Verkehrsaufkommen wurden daher schon frühzeitig solche Techniken entwickelt, mehrjährig erprobt und nach ihrer Bewährung allgemein eingeführt. Es gibt bei der Übermittlung von entsprechenden Hinweisen im wesentlichen zwei mögliche Techniken zur Verbreitung über den Rundfunk, die mit einer hohen Sicherheit garantieren, daß der Verkehrsteilnehmer erreicht wird.

Da entsprechende Hinweise nur in dem Land von Bedeutung sind (abgesehen vom grenzüberschreitenden Verkehr), von dem sie verbreitet werden, bieten sich zunächst die LW- und MW-Sender an. Sofern diese Sender nicht ständig oder zu bestimmten Zeiten gehört werden, lassen sich Bereitschaftsschaltungen realisieren, die auf bestimmte Kennungen (kodierte Signale oder einfach auf festgelegte charakteristische Tonfolgen, die man entsprechend auch hören kann – was aber nicht sein muß) ansprechen und zur Einschaltung bzw. Aufregelung der Wiedergabe oder zu einer Aufnahme auf vorhandene Recorder führen. Solche Systeme sind in einigen Ländern anzutreffen. Bei einer solchen Verbreitung von Verkehrshinweisen ist aber eine umfassende, z. B. für das ganze Land geltende, und damit umfangreiche Information notwendig. Da die meisten Hinweise im konkreten Fall dabei nicht zutreffend sind, erfordern solche Durchsagen hohe Aufmerksamkeit der Kraftfahrer. Sie sind daher schwierig zu erfassen und zu selektieren und wirken anstrengend, weil der Fahrer sich gleichzeitig auch voll auf das Verkehrsgeschehen konzentrieren muß. Solche Verfahren sind daher auch eine gewisse psychische und physische Belastung für den Kraftfahrer, soweit die Hinweise einen notwendig größeren Umfang annehmen (müssen). Mit der Einbeziehung bzw. Nutzung des UKW-Sendernetzes lassen sich die eben genannten Nachteile vermeiden. Entsprechend dem regionalen Charakter der UKW-Versorgung werden die zusätzlichen Verkehrshinweise über den/oder die entsprechenden regionalen UKW-Sender gezielt verbreitet, so daß nur die für diese Gebiete zutreffende Information übermittelt wird. Über entsprechende Kodierung der Sender ist eine Steuerung der Empfangs- und Recordereinrichtungen möglich.

Eine perfekte Technik für den UKW-Verkehrsfunk ist bereits entwickelt und u. a. nach zweijährigem Großversuch seit 1974 in der BRD allgemein eingeführt und z. B. auch von Österreich und der Schweiz übernommen worden. In weiteren Ländern steht die Einführung bevor. Dabei handelt es sich um das sogenannte ARI-System (ARI – Autofahrer-Rundfunk-Information). In einigen europäischen sozialistischen Ländern wird die Einführung eines solchen Systems derzeit zielstrebig vorbereitet, so daß es notwendig ist, in diesem Rahmen solche Techniken heute zu beachten.

Dies kann am Beispiel des bereits bewährten ARI-Systems geschehen.

Das MPX-(Multiplex-)Signal der UKW-Sender läßt sich neben den Signalen für Mono- und Stereo-Rundfunk nebst zugehörigen Steuersignalen auch noch mit einer ganzen Reihe von (kodierten) Signalen für Verkehrsrundfunk beaufschlagen, ohne daß dies einen erkennbaren Nachteil für die reine Rundfunkübertragung ergibt.

a) Senderkennung,
b) Durchsagekennung,
c) Bereichskennung.

Damit sind von einfachen Verkehrsrundfunkempfangsanordnungen bis zu perfekten Automatiken solche Einrichtungen möglich, die einerseits zumindest den Verkehrsrundfunk zu erfassen gestatten, andererseits aber auch solche, die einen umfassenden Bedienungskomfort aufweisen. Die Senderkennung informiert darüber, ob man einen Sender für Verkehrsrundfunk eingestellt hat, z. B. mittels Leuchtanzeige. Weiterhin kann man mit entsprechenden Schaltungen ermöglichen, daß nur Verkehrsfunksender hörbar werden oder von einem Suchlauf gesucht werden.

Die Durchsagekennung ermöglicht sowohl Stummschaltung des Empfängers und nur eine Aufregelung bei einer Verkehrsdurchsage (z. B. auf Normallautstärke) als auch eine Unterbrechung der momentanen Kassettenwiedergabe und Vorrang der Verkehrsdurchsage.

Die Bereichskennung ermöglicht die unverwechselbare Einstellung (manuell oder Suchlauf) des für ein bestimmtes Gebiet zuständigen regionalen Senders. Dabei können viele Gebiete z. B. durch Buchstaben bezeichnet werden – an Verkehrsschildern kann dieser Buchstabe zur Information der Kraftfahrer zur Kenntnis gebracht werden. Das Gerät wird auf den in Frage kommenden Kennbuchstaben eingestellt. Bei Sender- und Bereichskennung ist immer auch die Durchsagekennung möglich bzw. gegeben.

Zur Verdeutlichung der Möglichkeiten einer umfassenden Automatik sei der „Arimat de Luxe" (Blaupunkt) als Beispiel herangezogen:

Er ist selbstverständlich abschaltbar, wenn keine Verkehrsinformation gewünscht wird oder nach diesem System gegeben ist. Besonders vorteilhaft ist diese Automatik in Verbindung mit Sendersuchlauf.

Bild 3.16. Bedienteil für Verkehrsrundfunk-Automatik „Arimat de Luxe" mit Sender-, Durchsage- und Bereichskennung sowie Stummschaltung und Kassettengeräte-Unterbrechung

In Schaltstellung „SK" (Senderkennung) sucht der Empfänger automatisch jeden erreichbaren Verkehrsfunksender, speichert die Signalstärke und hält beim Suchlauf auf dem stärksten an und gibt eine entsprechende Leuchtanzeige (Bild 3.16). Auf den Schaltstellungen der entsprechenden Kennbuchstaben wird der stärkste für dieses Gebiet zuständige Sender eingestellt und die Bereitschaft angezeigt. (Diese Technik ist übrigens eine gute Ergänzung für die Programmwahl, soweit das Interesse am Verkehrsfunk untergeordnet ist.) Das Empfangsgerät läßt sich „stummschalten" (Bereitschaft für Verkehrsinformationen). Bei den eintreffenden Informationen wird das Gerät automatisch auf Normallautstärke geschaltet bzw. die leise eingestellte Lautstärke hochgeregelt. Eine momentane Kassettenwiedergabe wird unterbrochen und die Lautstärke entsprechend korrigiert. Nach Beendigung der Verkehrsdurchsage wird der vorherige Zustand wiederhergestellt. Wird ein vorgewähltes Verkehrsgebiet verlassen, sucht die Automatik einen neuen geeigneten Sender vollautomatisch; ist das nicht möglich, ertönt etwa eine halbe Minute später ein Warnton, der den Fahrer entsprechend informiert.

Von diesem umfassenden Automatik-System sind natürlich viele Abstriche möglich (letztlich wohl auch eine notwendige Frage des Kaufpreises).

Solche Anlagen gibt es als selbständige Bausteine in verschiedenem Umfang zur Nachrüstung bzw. Ergänzung geeigneter Gerätesysteme. Teilweise sind sie in Autoradios und Kassettenradios in verschiedenem Umfang eingebaut. UKW-Verkehrsfunk ist natürlich sowohl bei Mono- wie bei Stereo-Technik möglich.

3.7. Universalempfänger

Universalempfänger (Bild 3.17) werden außerhalb des Kraftfahrzeugs wie normale Kofferempfänger betrieben. Im Auto können sie in eine Kassette im Armaturenbrett oder in eine Autohalterung unter dem Armaturenbrett eingesetzt werden. Für die verschiedenen Geräte werden geeignete Autohalterungen, die im Fahrzeug fest montiert werden müssen, mitgeliefert. Einige Autohalterungen sind klappbar, damit sie bei Nichtbenutzung weniger Raum einnehmen. Manche Halterungen sind mit Diebstahlsicherungen ausgerüstet, um ein unbefugtes Entnehmen des Geräts zu verhindern. Es gibt mechanische Diebstahlsicherungen, an die das Gerät angeschlossen wird, und elektrische, aus denen das Gerät nur bei eingeschalteter Zündung entnommen werden kann (Magnetschalter.)

Bild 3.17. Universalempfänger mit Umschaltmöglichkeit der Antennen und Eingangskreise sowie mit Stationstasten für UKW in der Autohalterung

In der Autohalterung befindet sich eine Anschlußleiste, über die das Universalgerät aus der Bordanlage mit der Betriebsspannung versorgt wird. Außerdem können Anschlüsse für einen zusätzlichen Autolautsprecher, die Anschaltung der Autoantenne sowie die Steuerleitung für eine evtl. vorhandene Automatikantenne vorhanden sein. Auch alle für den Autobetrieb des Universalempfängers erforderlichen Umschaltungen werden bei seinem Einschieben in die Autohalterung vorgenommen. Die Autohalterung enthält oft die erforderlichen Sieb- und Stabilisierungsschaltungen für die Stromversorgung aus der Autobatterie sowie die Umschalteinrichtungen zur Abschaltung der Trockenbatterien und Anschaltung der Autobatterie. Hat der Universalempfänger eine relativ geringe Ausgangsleistung, so enthält die zugehörige Autohalterung meistens eine zusätzliche Endstufe, die die für den Autobetrieb erforderliche Ausgangsleistung abgibt.

Da die (nicht immer optimalen) Raumverhältnisse im Auto meist den Montageort des Universalempfängers bestimmen, ergeben sich häufig schlechte akustische Abstrahlverhältnisse für den eingebauten Lautsprecher. Wenn der Empfänger z. B. unterhalb des Armaturenbretts montiert ist und der Lautsprecher nach dem Fußboden hin abstrahlen würde, ist es besser, einen zweiten, an günstiger Stelle angebrachten Autolautsprecher zu verwenden und den im Gerät eingebauten Lautsprecher außer Betrieb zu setzen. Viele Autohalterungen bewirken beim Einsetzen des Empfängers auch diese Umschaltung.

Die richtige Anpassung der Autoantenne verdient besondere Beachtung. Die Universalgeräte haben vielfach Abstimmdrehkondensatoren bzw. Kapazitätsdioden, weil sich diese besser zur Zusammenarbeit mit Ferritantennen eignen. Eine Autoantenne läßt sich aber nur an Variometerabstimmteile richtig anpassen. Diese Diskrepanz wird in modernen Universalgeräten für höhere Ansprüche manchmal dadurch gelöst, daß beim Betrieb des Empfängers in der Autohalterung auf einen anderen Spulensatz umgeschaltet wird, der Variometer enthält. Die Universalempfänger lassen sich meist als Kofferempfänger mit Trockenbatterien, als Autoempfänger aus dem Bordnetz und als Zweitempfänger zu Hause und unterwegs mit Hilfe eines zusätzlichen Netzgeräts aus dem Starkstromnetz betreiben. Sie haben im UKW-Teil durchweg eine rauscharme Vorstufe und meist einen vierstufigen ZF-Verstärker. Damit bieten sie auch im Auto gute Empfangsmöglichkeiten.

Es gibt kleinere Universalempfänger mit einer Ausgangsleistung von wenigen hundert Milliwatt und einer leistungsfähigen Endstufe in der Autohalterung. Andere Geräte der Mittel- und Spitzenklasse haben Ausgangsleistungen von etwa 1 bis 6 W. Sie gewährleisten auch ohne zusätzliche Verstärker die erforderliche Lautstärke beim Betrieb im Auto und zeichnen sich durch gute Klangeigenschaften aus. Bei Geräten der oberen Mittel- und Spitzenklasse findet man Stationstasten, die mechanisch oder elektronisch wirken. Auch die elektronische Abstimmung gewinnt zunehmend an Bedeutung. Vielfach findet man einen gedehnten Kurzwellenbereich (49-m-Band); bei einigen Geräten ist auch der höherfrequente Mittelwellenbereich als gedehnter Bereich vorhanden (Europawelle).

Im LMK-Bereich sind Universal- und Reiseempfänger mit einer Ferritantenne ausgestattet und die Gehäuse „magnetisch durchlässig" ausgelegt (Holz- oder Plastgehäuse).

Im Auto würden deshalb bei unmittelbarem Betrieb die Störungen besonders stark aufgenommen werden, da die Geräte zudem noch meist in stark störverseuchter Umgebung angeordnet sind. Bei echten Universalempfängern (Bild 3.18) wird deshalb in der Autohalterung die Ferritantenne völlig abgeschaltet und auf einen zweiten – möglichst abgeschirmten – Spulensatz umgeschaltet.

Eine Abschirmung der Ferritantenne ohne Abschaltung, z. B. durch Stahlblechgehäuse, führt meist nicht zum gewünschten Ergebnis.

Autosuper sind z. B. völlig abgeschirmt. Dabei können schon Lüftungslöcher zu evtl. Störeinstrahlungen (z. B. über den Kabelbaum) und zu einem „Durchgriff" durch die Lüftungslöcher führen. Deshalb gibt es heute nur noch Autosuper, die völlig „dicht" sind. Aus diesen Gründen werden Universalempfänger auch hinsichtlich bestimmter Eigenschaften den „echten" Autosupern unterlegen sein. Sie sind aber – mit geringen Zugeständnissen – gegebenenfalls eine praktikable Lösung. In der DDR und anderen sozialistischen Ländern ist das

Bild 3.18. Kombinationsgerät
(Empfänger, Recorder,
Diktiermöglichkeit und
Autohalterung) für universellen
(Auto-) Einsatz

Angebot an solchen echten Universalempfängern nicht besonders gut, weil Bedenken hinsichtlich der Verkehrssicherheit bzw. Verletzungsgefahr bei vielfach ungünstigen Montageverhältnissen im Kfz bestehen.

3.8. Kofferradio im Auto

Diese Gerätekategorie – vorwiegend Reise- oder Zweitempfänger – ist nicht von vornherein für den Betrieb im Auto vorbereitet. So ist z. B. meist kein Anschluß für die Autobatterie vorhanden.

Die Ferrit- und Teleskopantennen, mit denen diese Geräte ausgerüstet sind, erfüllen im Auto nicht ihren Zweck, da im Innern des Fahrzeuges infolge der abschirmenden Wirkung der Blechkarosserie nur eine sehr geringe Feldstärke vorhanden ist. Eine Ausnahme bilden Fahrzeuge mit Kunststoffkarosserien. In den Fahrzeugen mit Blechkarosserien ist also ein Rundfunkempfang mit Kofferempfängern nicht möglich, vom Empfang starker Orts- oder Bezirkssender abgesehen.

Sollen trotzdem Kofferempfänger im Auto betrieben werden, so müssen gegenüber den Universalempfängern und den Autoempfängern wesentliche Einschränkungen hinsichtlich der Empfangsmöglichkeiten in Kauf genommen werden. Ein Problem ist allerdings die verkehrssichere Unterbringung des Kofferempfängers im Auto während der Fahrt. Am einfachsten ist es, ein solches Gerät nur auf einem Sitz liegend oder sehend zu betreiben. Aus Gefährdungsgründen ist davon jedoch dringend abzuraten. Eine geeignete Befestigung ist in jedem Fall empfehlenswert.

Kleinere Empfänger, die keine Antennenbuchse haben und mit eingebauten Ferritantennen betrieben werden, kann man auch an oder in der Nähe der Scheiben eines Fahrzeugs befestigen. Unter günstigen Bedingungen ist ein recht guter Empfang möglich, da die elektromagnetischen Wellen in der Nähe der Scheiben durch die Karosserie nicht völlig abgeschirmt werden und deshalb oft eine ausreichende Feldstärke aufweisen.

Es ist zweckmäßig, eine geeignete Befestigungsvorrichtung, z. B. an der Scheibe (Bild 3.19), zu schaffen, die eine Bedienung des Geräts zuläßt und einen ausreichenden mechanischen Halt bietet.

Die Vorrichtung kann entweder frei hängend befestigt werden oder (besonders bei stark geneigten Frontscheiben) mit einer Kante auf dem Armaturenbrett aufliegen. Mit Polsterkanten aus Filz, Schaumstoff u. ä. Material sollte dabei eine Beschädigung der berührten Teile vermieden werden. Man kann auch außerdem die Halterung innen durch Polster verkleiden, um dem Gerät einen besseren Halt zu geben. Die Halterung kann man z. B. aus Vinidur oder einem anderen Kunststoff herstellen. Die Abmessungen sollte man so wählen, daß eine gewisse Federwirkung zum Einspannen des Empfängers vorhanden ist. Bei der Anbringung des Empfängers an einer Scheibe muß unbedingt beachtet werden, daß die Sicht des Fahrers nicht behindert wird. An diese Geräte läßt sich auch eine Autoantenne anschließen, wenn man das Prinzip der induktiven Antennenkopplung benutzt. Hierzu wickelt man um den Empfänger einige Windungen Draht, und zwar so, daß diese Windungen die im Innern des Geräts befindliche Ferritantenne umschließen. Die Ausdehung der Ferritantenne stimmt bei fast allen Empfängern mit der größten Längsausdehnung des Geräts überein, so daß die Wicklung um die Längsausdehnung herum aufgebracht werden muß (Bild 3.20). Schließt man an das eine Ende dieser Wicklung die Antenne an und

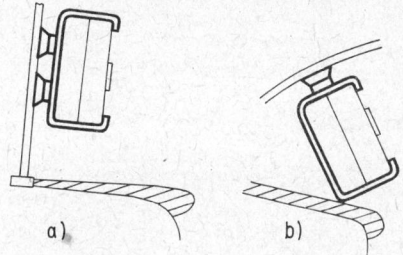

Bild 3.19. Befestigungsmöglichkeiten für einen Kleinempfänger an der Windschutzscheibe mit Saugnäpfen

a) bei relativ gerader Scheibe
b) bei relativ geneigter Scheibe und Auflagemöglichkeit auf der Oberseite des Armaturenbretts

a)   b)

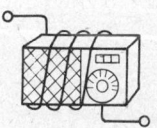

Bild 3.20. Ankopplungswindungen für eine Zusatzantenne bei einem Kleinempfänger mit Ferritantenne

verbindet das andere Ende mit Erde bzw. Masse (Fahrzeugkarosserie), so wird mit Hilfe der Windungen durch den Antennenstrom ein magnetisches Feld erzeugt, das auf die Ferritantenne wirkt und so die Energie der Antenne auf den Empfänger überträgt. Diese Methode hat jedoch einen Nachteil: Nach Einbruch der Dunkelheit, wenn viele starke Sender empfangen werden können, treten häufig Pfeifstellen beim Empfang auf, die durch die Spiegelfrequenzen hervorgerufen werden. Die Spiegelfrequenz liegt um die doppelte Zwischenfrequenz über oder unter der jeweils eingestellten Empfängerfrequenz, je nach Frequenz des Oszillators. Um eine zusätzliche Selektivität (Trennschärfe) zur Unterdrückung der Spiegelfrequenzen zu schaffen, kann man die Ankopplung einer Außenantenne auch selektiv vornehmen. Man legt die Eigenresonanz (Eigenwelle) des Antennenkreises weit vom Spiegelfrequenzbereich weg, so daß die Spiegelfrequenzen unterdrückt werden. Man kann auch die Induktivität der Ankopplungswicklung mit Hilfe eines zusätzlichen Ferritantennenstabes vergrößern (Bild 3.21a). Bei Mittelwelle muß man auf den Stab etwa 80 bis 150 Windungen aufbringen. Dabei gilt als Faustregel, daß man etwa 2- bis 2,5mal soviel Windungen aufbringen muß, wie im Empfänger auf der Abstimmspule des Eingangskreises vorhanden sind. Noch günstiger wird die Wirkung, wenn man die auf dem Zusatzferritstab aufgebrachte Spule mit einem Drehkondensator abstimmt. Den Drehkondensator legt man zweckmäßigerweise an einen Abgriff der Koppelspule etwa bei der Hälfte der Windungszahl (Bild 3.21b). Mit dieser Maßnahme entsteht ein Eingangsbandfilterkreis, der die Empfindlichkeit und die Trennschärfe sehr stark verbessert. Auch leise einfallende Sender lassen sich durch Abstimmungen mit dem Zusatzdrehkondensator stark hervorheben. Die günstigste Ankopplung des zusätzlichen Ferritstabes probiert man am besten durch Variation des Abstandes zwischen diesem und der Ferritantenne des Empfängers aus. Der zusätzliche Ferritstab darf nicht zu nahe am Empfänger angebracht werden.

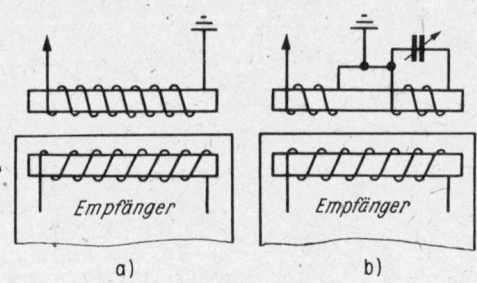

a) b)

Bild 3.21. Ankopplung einer Zusatzantenne an einen Empfänger mit Ferritantenne mittels eines externen Ferritstabes
a) unabgestimmt
b) mit zusätzlicher Abstimmung

Neuere und vor allem größere Kofferempfänger haben meist eine Buchse zum Anschluß der Autoantenne. Es ist nicht immer unbedingt notwendig, eine an der Karosserie fest montierte Antenne zu verwenden; oft genügen auch Behelfsantennen, die z. B. an den Fensterscheiben oder an der Dachrinne befestigt sind. Diese Empfänger sind auch mit Anschlüssen für Phonogeräte (Plattenspieler, Tonbandgeräte), Zweitlautsprecher usw. ausgestattet. Die Möglichkeit des Anschlusses eines Zusatzlautsprechers im Auto ist von besonderer Bedeutung. Für die Befestigung der Kofferempfänger im Auto gibt es an sich viele Möglichkeiten; der Bastelneigung ist hierfür ein großer Spielraum gegeben. Die größeren Empfänger kann man je nach Gestaltung des Armaturenbrettes auf oder unter diesem befestigen (Bild 3.22). Zu beachten ist, daß die Verkehrssicherheit gewährleistet sein muß und die Bedienbarkeit des Geräts erhalten bleibt. Die Skale des Geräts sollte man auf jeden Fall bei der Bedienung sehen können. Keinesfalls sollte man einen Empfänger im Auto lose aufhängen. Der Nutzung von Kofferempfängern im Auto sind auch oftmals wegen der geringen Ausgangsleistung der Empfänger Grenzen gesetzt. Kleinere Empfänger und Taschenemp-

Bild 3.22. Einbau eines Kofferradios unterhalb des Armaturenbretts (Trabant)

fänger sind für den Betrieb in Kleinwagen, in denen meist laute Fahrgeräusche vorhanden sind, nicht zu empfehlen.

Umfangreiche Untersuchungen zur Nutzung von Reiseempfängern im Auto im Vergleich zu Autosupern haben ergeben, daß sie nicht empfohlen werden können und ein gelegentliches Betreiben wirklich nur einen Notbehelf darstellen kann. Besonders wegen der starken Störeinwirkung ist die Nutzung meist völlig in Frage gestellt. Es ist immer eine Vollentstörung des Kfz erforderlich, und selbst dann werden über die vorhandenen Stab- und Ferritantennen der Geräte noch so viele Störungen aufgenommen, daß das Hören während der Fahrt (abgesehen von wenigen besonders starken Sendern) kein Genuß ist (Voraussetzungen s. Abschn. 3.7.).

Für die Mehrkosten einer Vollentstörung (Vollschirmung und entsprechende Bauteile) des Kfz kann man sich andererseits einen vollwertigen Autosuper kaufen.

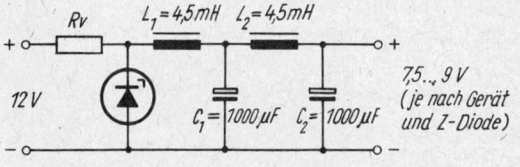

Bild 3.23. Stabilisierungs- und Filterschaltung zur Stromversorgung von Kofferradios aus der Autobatterie (12 V)

Sollte trotzdem ein Reiseempfänger als Behelf im Auto genutzt werden, so müßte er wenigstens folgende Bedingungen erfüllen:
— Bedienelemente und Skale oben (schmale Seite)
— Batterie- oder Netzteilanschluß (mit Stabilisierung wie nach Bild 3.23 — z. B. durch Zenerdiode und Filter 2 × 4,5 mH, 2 × 1 000 µF)
— Anschluß für eine Autoantenne
— Anschluß für einen Zusatzlautsprecher
— Abschaltmöglichkeit der Ferritantennen.
Beim Betrieb sind dabei folgende Hinweise zu beachten:
— Entstörung mindestens wie für Autoradio
— Zusätzlich ist eine Abschirmung (wenigstens teilweise) erforderlich
— Gerät in Reichweite des Fahrers fest montieren
— Gerät nicht zu weit unter das Armaturenbrett einbauen wegen der dort vorhandenen größeren Störstrahlung
— Gerät nicht in der Nähe des Zündschlosses montieren
— Stromversorgung direkt über eine spezielle Sicherung an die Autobatterie anschließen.
  Eine Stabilisierung und ein Siebglied (Filter) sind dabei erforderlich (Bauteil ist nicht handelsüblich)
— Eine vollwertige Autoantenne bzw. mindestens eine Außen-Behelfsantenne ist am Kfz erforderlich.

3.9. Fernsehempfänger

Seit etwa 1963 sind in Europa neben den bisher üblichen Heimfernsehempfängern auch zunehmend kleine volltransistorisierte Fernsehempfänger, besonders aus Importen, im Handel. Die einzige Röhre ist die Bildröhre mit einer Bildschirmdiagonale von etwa 14 bis 23 cm (manchmal auch größer). Diese kleinen Geräte sind sehr handlich und haben eine relativ geringe Masse, die zwischen etwa 3,5 und 5 kg liegt. Sie sind daher echte Fernseh-Portables. Allgemein erfreuen sich solche Transistorfernsehgeräte zunehmender Beliebtheit, da sie sehr vielseitig verwendbar sind, z. B. als Zweitgeräte zu Hause (besonders wenn mehrere Programme empfangen werden können), unterwegs und im Auto. Geräte mit einem Bildschirm, dessen Diagonale größer als 23 cm ist, sind zwar beispielsweise ohne weiteres als Zweitgerät für den Heimgebrauch geeignet; im Auto sind sie jedoch wegen der dort vorhandenen Platz- und Sichtverhältnisse kaum zu gebrauchen.

Die durch die Leuchtfleckgröße der Bildröhre bedingte Auflösung des Fernsehbildes ist bei kleineren Bildröhren geringer als bei größeren. Trotzdem wirkt das Bild sehr scharf und läßt keine Mängel erkennen. Aus der verringerten Auflösung der Röhre ergibt sich eine verringerte Bandbreite im Bildverstärker des Fernsehgeräts (etwa 3 MHz). Die verringerte Bandbreite führt zu höherer Verstärkung und zu besseren Rauscheigenschaften. Daraus ergibt sich eine bessere Bildqualität bei kleinen Eingangsspannungen am Empfänger. Bei Betrachtung kleiner Fernsehbilder stellt man subjektiv keinen Nachteil fest, im Gegenteil, die Bilder erscheinen brillanter als die großen. Auch Reflexionsstörungen („Geisterbilder") sind bei weitem nicht so störend wie bei üblichen Heimempfängern. Allerdings muß man die kleinen Bilder aus einem sehr geringen Abstand betrachten, dieser beträgt üblicherweise etwa 60 cm bis 1,5 m (etwa 5mal Bilddiagonale). Die relativ große Bildhelligkeit ist bei modernen Fernseh-Portables auch deshalb erforderlich, weil man die Fernsehbilder bei Tageslicht und im Freien betrachtet. Bei sehr heller Beleuchtung müssen trotzdem noch Zugeständnisse gemacht werden, und bei Sonnenbestrahlung der Bildröhre ist kaum ein befriedigender Fernsehempfang möglich. Blendschirme schaffen Abhilfe.

Die Fernseh-Portables sind mit angebauten Empfangsantennen, die meist als zusammenlegbare Antennen ausgebildet sind (Teleskopantennen), und mit einem Anschluß für Außenantennen ausgerüstet. Moderne Geräte sind aufgrund der Verwendung von Siliziumtransistoren und anderen geeigneten Bauelementen auch bei höheren Umgebungstemperaturen arbeitsfähig; hierzu trägt auch eine gute Entlüftung bei, die im Gerät keinen Wärmestau entstehen läßt.

Die Geräte sind gegenüber hohen Eingangsspannungen übersteuerungsfest. Kurze Zeitkonstanten bei vorwiegend getasteten Regelschaltungen erlauben auch einen Betrieb im fahrenden Auto, wobei die auftretenden sehr schnellen Feldstärkeschwankungen innerhalb von etwa 1/100 s ausgeregelt werden.

Die Fernseh-Portables enthalten meistens einen Starkstromanschluß für 220 V Wechselspannung und einen Batterieanschluß für 12 V Gleichspannung. Die Gleichspannung ist zum direkten Betrieb der Transistorschaltungen bestimmt. Andere Bordspannungen werden im allgemeinen durch Transverter auf 12 V umgesetzt.

Als Zubehör gibt es relativ kleine Akkumulatorenbatterien, mit denen die Geräte als echte Portables betrieben werden können. Die Akkumulatoren lassen sich mit Hilfe des meist im Empfänger eingebauten Netzteils wieder aufladen. Häufig werden die Batterien in einer besonderen Tasche mitgeführt, in einigen Fällen sind sie auch in das Gerät selbst eingebaut (vorwiegend bei größeren Geräten). Spezialausführungen sind mit einem eingedickten Elektrolyten versehen (Dryfit-Batterie); derartige Batterien sind besonders leicht zu handhaben.

Beim Autobetrieb mit der stark wechselnden Bordspannung ist eine Stabilisierung erforderlich. Das geschieht im Gerät selbst oder mit entsprechenden Transistorregeleinheiten (Autoanschlußleitung mit Stabilisator, Bild 3.24) als gängigem Zubehör. Für den Betrieb im Auto sind nur relativ kleine und leichte Fernseh-Portables geeignet. In der DDR werden solche bisher nicht produziert. Sehr gut geeignete Geräte gibt es in der Sowjetunion, Ungarischen VR und der ČSSR sowie aus japanischer Produktion (Bild 3.25). Bei den Geräten aus den genannten sozialistischen Ländern ist aber zu beachten, daß die im dortigen Handel angebotenen Typen für die OIRT-Fernsehnorm ausgerüstet sind und in der DDR bei der verwendeten CCIR-Norm nicht ohne weiteres verwendet werden können (andere Kanalfrequenzen und anderer Bild/Ton-Abstand, so daß bei Trommeltunern meist keine exakte Kanaleinstellung möglich und grundsätzlich kein Ton zu hören ist).

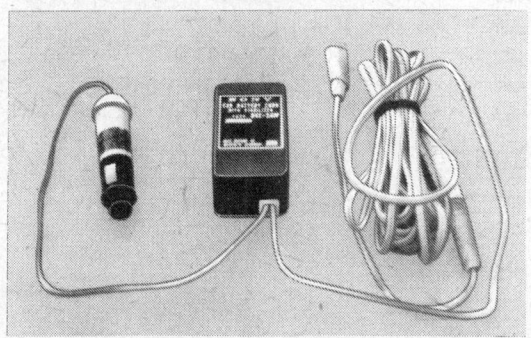

Bild 3.24. Autoanschlußleitung mit Stabilisator (Magnethaftung) für Fernseh-Portable (Sony)
Der Stecker paßt in übliche Zigarettenanzünder, er enthält Umpolmöglichkeit und Sicherungen

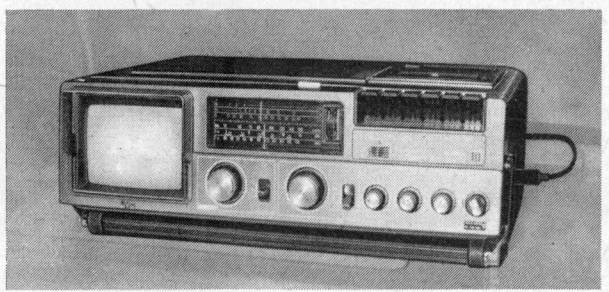

Bild 3.25. Fernseh-Radio-Recorder-Kombinationsgerät (Portable) mit 220/12-V-Stromversorgung, geeignet u. a. für Auto- und Wohnwagenbetrieb (Import aus Japan)

Für Exporte stehen aber auch Geräte für CCIR-Norm zur Verfügung. Natürlich gibt es im internationalen Angebot auch sehr universelle Mehrnormengeräte – auch als Kombinations-Portables. Die in der DDR produzierten TV-Portables sind zwar mobil verwendbar, aber für einen PKW-Einbau nicht diskutabel, so daß diese unterwegs mehr dem externen Betrieb (Camping) oder evtl. dem Betrieb in Camping-Anhängern dienen können. Generell kann im Auto ein als provisorisch anzusehender TV-Geräteeinbau nicht befriedigen.

Der Einbau muß grundsätzlich so erfolgen, daß das Bild den Fahrer nicht ablenken kann, so daß nur ein Einbau mit Sicht von den hinteren Sitzen aus in Frage kommt (teilweise gibt es in verschiedenen Ländern entsprechende Vorschriften). Damit ist allerdings bei durchgehenden Rückenlehnen der vorderen

Sitze hinten eine erhebliche Behinderung und ungünstige Sicht gegeben (Bild 3.26). Zweckmäßig und vorteilhaft ist ein Einbau in eine Konsole, die bei Einzellehnen der vorderen Sitze zwischen diesen günstig angebracht werden kann. In eine solche Konsole kann ergänzend z. B. auch noch eine Fernbedienung für einen entsprechenden Autosuper, gegebenenfalls ein Autotelefon (Sonderfahrzeuge) oder evtl. – bei lizenzierten Funkamateuren – eine Amateurmobilstation oder andere Einrichtungen eingebaut werden. Alle Hinweise gelten sowohl für Schwarzweiß- wie auch Farb-Fernseh-Portables. Nur ist bei letzteren zu beachten, daß für einen mobilen Betrieb Spezial-Farbfernseh-Röhren bzw. andere Maßnahmen erforderlich sind, um eine ständige Farbverfälschung durch z. B. den Einfluß des wechselnden Erdmagnetfeldes zu vermeiden. Farbfernseher erfordern zumeist auch eine etwas höhere Antennenspannung als Schwarzweiß-Geräte, weil farbiger „Grieß" bei schwachem Signal nicht gerade gut aussieht. Im Grunde ist aber eine Anwendung gleichermaßen möglich, soweit von den höheren Preisen abzusehen ist.

Bild 3.26. Transistor-Kofferfernsehempfänger an der Rückenlehne der Vordersitze befestigt

3.10. Und was es sonst noch alles gibt

Es hat in den vergangenen Jahren nicht an Versuchen gefehlt, außer der heute eingeführten Technik auch andere Geräte im Auto zu betreiben. Es sei dabei an Autoplattenspieler, batteriebetriebene Spulentonbandgeräte, Diktiergeräte u. dgl. erinnert.

Diese Technik ist heute nur noch historisch interessant, denn mit der in den zurückliegenden Jahren erfolgten stürmischen Entwicklung und allgemeinen Beliebtheit der Kassetten-Tonband-Technik haben die genannten Geräte im Auto keinerlei praktische Bedeutung mehr. Bei der Kassettentechnik hat sich das System der „Compact-Cassette" international durchgesetzt.

Die Bedienung entsprechender Geräte ist einfacher kaum noch denkbar, und diese Technik erfüllt heute hohe und höchste Ansprüche (selbst HiFi mit entsprechenden Systemen) trotz der relativ geringen Bandgeschwindigkeit von 4,76 cm/s. Die Laufzeit von 60 bis 120 min (C 60, C 90, C 120) einer Kassette ist völlig ausreichend. Beim Betrieb im Auto sollte man die Kassetten mit der niedrigeren Laufzeit (C 60, C 90) verwenden, da sie allgemein stabileres Verhalten zeigen und sie außerdem beim Fahrbetrieb besonders stark beansprucht sind.

Bild 3.27. Auto-Kassetten-Box mit Rollo-Verschluß

Zur Aufbewahrung von Kassetten im Auto gibt es spezielle Kassetten-Boxen, die in handlicher Form eine Vielzahl aufnehmen können, so daß sie immer griffbereit sind (Bild 3.27). Die Kassetten sind darin staubgeschützt, und Arretierungen verhindern, daß sich die Spulenwickel bei der Lagerung durch die Vibration des Autos aufschütteln (sehr wichtig, unbedingt beachten, sonst gibt es leicht beim Einlegen in das Gerät dann „Bandsalat"!). Ist keine Arretierung in einer Box vorhanden, dann hilft eine Kunststoff-Klammer (Bild 3.28), die man sich z. B. aus PVC leicht selbst herstellen kann (warm verformbar). Notfalls können auch entsprechende Pappstreifen im Zahnkranz der Spulenwickel eingelegt werden. In den Originalhüllen der Einzelkassetten sind auch Arretierungen vorhanden, aber eine Vielzahl Einzelkassetten „purzelt" meist unordentlich im Auto umher, so daß die Magazin-Boxen viel vorteilhafter sind (ein Kassettenreinigungsband sollte zum Inhalt gehören!). Die Kassetten(-Box) sollten im Auto nicht der direkten Sonneneinstrahlung (Temperaturen bis 80 °C) ausgesetzt sein, auch extreme Kälte im Winter ist nicht günstig. Gute Kassettengeräte sind zwar

Bild 3.28. (PVC-)Klammer zur Arretierung der Spulenwickel in Kassetten bei Rüttel-/Vibrationsbeanspruchung im Auto zwecks Vermeidung von „Bandsalat"

auch nach einem Kaltstart im Winter funktionsfähig, in solchen Situationen sollte man aber der Technik im Interesse der Lebensdauer etwas Zeit zum Erwärmen gönnen.

Ein Mikrofon mit Handsteuerung (Bild 3.29) macht aus den Kassettengeräten ein Diktiergerät (bei Aufnahmemöglichkeit).

Bild 3.29. Fernsteuermikrofon für Recorder an einer Konsole im Auto

Nicht unmittelbar für den Betrieb im Auto vorgesehene Geräte (Kassettengeräte, Radiorecorder, Spulentonbandgeräte) ergeben zumeist Schwierigkeiten bei allen Anschlußmöglichkeiten. Vor allem ist eine sichere Befestigung nicht gegeben, so daß die bereits bei Kofferradios aufgezeigten Nachteile in verschiedenem Grad spezifisch auftreten. Nicht zuletzt ist auch meist die mechanische Beanspruchbarkeit für Autobetrieb nicht ausreichend. Transverter (Spannungs-

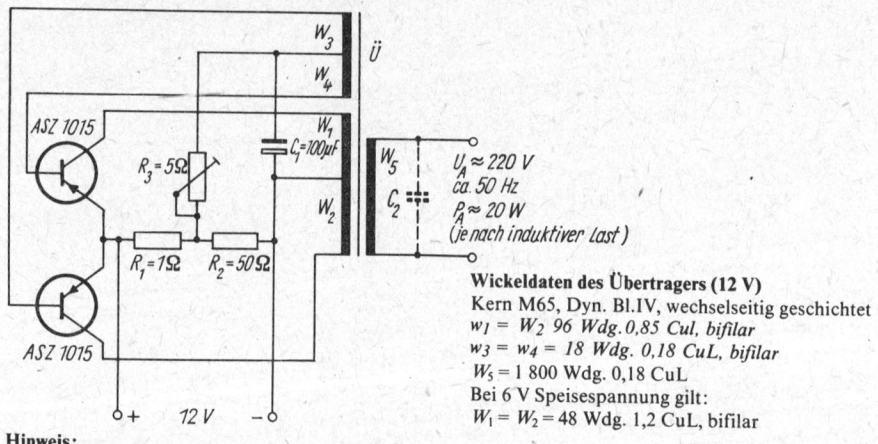

Wickeldaten des Übertragers (12 V)
Kern M65, Dyn. Bl.IV, wechselseitig geschichtet
$w_1 = W_2$ 96 *Wdg. 0,85 CuL, bifilar*
$w_3 = w_4 = 18$ *Wdg. 0,18 CuL, bifilar*
$W_5 = 1$ 800 Wdg. 0,18 CuL
Bei 6 V Speisespannung gilt:
$W_1 = W_2 = 48$ Wdg. 1,2 CuL, bifilar

Hinweis:
Man kann auch W_1 und W_2 aufteilen zu je 2×48
Wdg. 0,85 CuL, bifilar
Reihenschaltung gilt für 12 V } umschaltbar
Parallelschaltung gilt für 6 V
Größere Leistung P_A ist bei größerem Übertragerkern mit entsprechender Wicklungskorrektur möglich.

Bild 3.30. Einfache Transverterschaltung zur Spannungswandlung 6 V/12 V Gleichstrom auf 220 V, etwa 50 Hz (mit etwa rechteckförmiger Wechselausgangsspannung)

wandler), wie z. B. im Bild 3.30 dargestellt, der verschiedensten Art (6 V auf 12 V Gleichstrom, 6 V/12 V auf 220 V Wechselstrom 50 Hz) sind Bauteile, die verschiedentlich ein Betreiben aller möglichen Geräte am Autobordnetz ermöglichen (gegebenenfalls auch den Elektrorasierer beim Camping). Bild 3.31 zeigt einen industriell hergestellten Transverter.

Bild 3.31. Transverter T 6-12 (6 V auf 12 V Gleichspannung) zum Betreiben von 12-V-Gerätetechnik an 6-V-Bordnetzen (Hersteller ETE)

Zulässige Spannungsschwankungen an Ein- und Ausgang +20 %/–10%, Minus an Masse, Umgebungstemperatur –10 °C ... 50 °C, Ausgangsstrom 0,05 ... 1,5 A, automatisches Ein-/Ausschalten durch das angeschlossene Gerät

Das Betreiben einer Amateurmobilstation ist mitunter ein gern geübtes Hobby. Hierbei gelten alle einschlägigen Hinweise sinngemäß, vor allem muß auch auf gute Entstörung geachtet werden.

In einigen Ländern sind ohne besondere Lizenzen (Genehmigungen) sogenannte CB- (Citicens-Band-) Sende- und Empfangsanlagen – auch im Auto allgemein erlaubt (in der DDR keine Zulassung). Auch hierfür gelten alle gegebenen Hinweise sinngemäß. In solchen Ländern gibt es industriell hergestellte Kombinationsgeräte, die in der Größe üblicher Autosuper sowohl ein Autoradio wie auch gleichzeitig ein CB-Sende- u. Empfangsgerät mit verschiedener Kanalwahlmöglichkeit enthalten.

In sehr lauten oder großräumigen Fahrzeugen reicht mitunter die verfügbare NF-Ausgangsleistung üblicher Geräte nicht aus. In diesem Fall besteht die Möglichkeit, einen (Stereo-) Verstärker-Baustein zusätzlich zu verwenden, der z. T. handelsüblich ist.

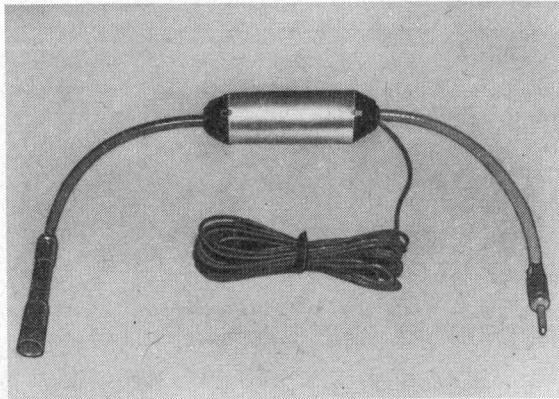

Bild 3.32
Autoantennenverstärker(12 V)
zum Ausgleich der Verluste
langer Antennenleitungen
(Heckantennen)

Suchlauf-Fernsteuerschalter für Fußbetätigung oder Lenkradbefestigung sind auch bekannt. Für alle nichterwähnten Details gelten die gegebenen Hinweise sinngemäß.

Antennenverstärker (LMKU), die meist einfach in die Antennenleitung zwischengeschaltet (Bild 3.32) werden können, bringen außer bei Empfängern mit geringer Leistungsfähigkeit keine Vorteile. Der Anwendungsbereich dieser Verstärker liegt nur dort, wo durch eine (Heck-) Antenne mit langer Leitung Verluste auftreten. Eine Anschaltung eines Antennenverstärkers direkt an der Antenne ergibt dabei meist eine verschieden zu beobachtende Verbesserung, evtl. aber auch (in Sendernähe) erhöhte Störungen aufgrund von Übersteuerungseffekten.

4. Einbau der Autoempfänger

4.1. Wohin mit dem Autoempfänger?

In allen modernen Kraftfahrzeugen findet man einen ab Werk vorgesehenen Platz hinter oder unter dem Armaturenbrett für den Einbau eines Autoempfängers. Dort ist das Gerät vom Fahrer und Beifahrer gleichermaßen gut zu erreichen. Auch für einen Lautsprecher gibt es einen vorbestimmten Platz. Es ist zu empfehlen, Empfänger und Lautsprecher an diesen Stellen unterzubringen. Zu den verschiedenen Autoempfängern gehören sowohl auf spezielle Autotypen abgestimmte Einbauanleitungen als auch allgemein gehaltene Anleitungen zum Einbau der Geräte in alle Arten von Kraftfahrzeugen. Diese Unterlagen sind eine wertvolle Hilfe beim Einbau der Geräte. Sie enthalten viele Hinweise für den Geräteeinbau, die Antennenauswahl, den Antenneneinbau und die Entstörung des Fahrzeugs.

Es gibt Einbausätze für die Empfänger, die alles zum Einbau in bestimmte Wagentypen erforderliche Material einschließlich der Geräteblenden (Frontverkleidung der Geräte) enthalten. Auch Universaleinbausätze für alle Arten von Kraftfahrzeugen sind erhältlich.

4.2. Montagehinweise

Bei der Montage eines Autoempfängers ist es zweckmäßig, sorgfältig und systematisch zu arbeiten. Die nachfolgenden Hinweise gelten sowohl für den Einbau von Autosupern als auch für den von Universalgeräten (Halterungen) oder auch sinngemäß für andere Gerätetechnik.

1. Vor Beginn der Einbauarbeiten ist die Einbauanleitung für das Gerät sorgfältig zu studieren. Falls sie nicht vorhanden ist, sollte man sie sich vom Fachhandel beschaffen lassen.

2. Der zum Einbau des Geräts in den vorhandenen Wagentyp gehörende Einbausatz (falls nicht vorhanden, ein Universaleinbausatz) ist zu erwerben. Die Einbausätze enthalten vielfach auch das benötigte Entstörmaterial. Gehören die Entstörbauteile nicht zum Einbausatz des Geräts, so sollten sie vor Beginn der Arbeiten beschafft werden. Ebenso sind auch die erforderlichen Werkzeuge vorher bereitzulegen. Entsprechende Hinweise sind meist in die Einbauanleitungen aufgenommen.

3. Die Bordnetzspannung sowie die Polarität der Bordanlage sind festzustellen. Diese Arbeit sollte man keinesfalls unterlassen, auch wenn man den jeweiligen Fahrzeugtyp mit seiner Anlage zu kennen glaubt. Es besteht immer die Möglichkeit, daß an der Serie zwischenzeitlich etwas geändert wurde oder daß das vorhandene Fahrzeug eine umgebaute elektrische Anlage hat. Anhand der Zellenanzahl der Batterie ermittelt man die Bordspannung (3 Zellen: 6-V-Anlage; 6 Zellen: 12-V-Anlage). Man kann auch erkennen, wel-

cher Pol der Batterie mit der Fahrzeugkarosserie, dem Fahrgestell oder dem Motorblock verbunden ist (Pluspol oder Minuspol an Masse). Die Pole sind an den Batterieanschlüssen gekennzeichnet.

4. Nun ist eventuell das einzubauende Gerät nach den Vorschriften des Herstellers auf das vorhandene Bordnetz einzustellen (6 V oder 12 V, Pluspol oder Minuspol an Masse). Ab Werk sind die Empfänger meist auf 12 V, Minuspol an Masse, eingestellt.

5. Die zweckmäßigste Reihenfolge für den Einbau der verschiedenen Teile der Empfangsanlage ist festzulegen: Empfänger-, Lautsprecher- und Antenneneinbau sowie Entstörung des Fahrzeugs. Die Entstörung wird am besten zuletzt vorgenommen (s. Abschn. 7.). Es ist jedoch oft erforderlich, erst den Lautsprecher und dann den Empfänger zu montieren, da der Platz des Lautsprechers sonst nicht mehr zugänglich ist. Auf den Einbau der Antenne wird im Abschnitt 6. eingegangen.

6. Vor Beginn der Arbeiten am Kraftfahrzeug ist grundsätzlich die Autobatterie abzuklemmen, um mögliche Kurzschlüsse während der Montage mit Sicherheit zu vermeiden. Es genügt, nur einen Pol der Batterie abzuklemmen. Bei dieser Gelegenheit sollten die Kontaktverbindungen an den Klemmen gesäubert werden. Auch der Masseverbindung an der Karosserie ist entsprechende Aufmerksamkeit zu schenken.

7. Vor dem Einbau des Lautsprechers muß dieser mit einer genügend langen Leitung versehen werden, die meist am Lautsprecher angelötet werden muß. Auf die richtige Schaltung der Lautsprecher ist besonders dann zu achten, wenn Umschaltmöglichkeiten am Gerät bestehen oder zwei oder mehr Lautsprecher eingebaut werden sollen.

8. Vor dem Geräteeinbau sind eventuell vorhandene Verkleidungen an den Einbaustellen zu entfernen. Der Einbau selbst erfolgt mit geeigneten Blechwinkeln und/oder Tragbügeln, die im allgemeinen zum Einbausatz gehören. Eine stabile Befestigung des Geräts ist besonders wichtig. Die Masseverbindungen müssen sorgfältig ausgeführt werden (Metallteile blankputzen und mit Graphitfett gegen Korrosion schützen!). Beigefügte Erdungsscheiben müssen unbedingt verwendet werden, da durch deren Klauen ein guter Massekontakt erreicht wird.

9. Nun sind alle erforderlichen Anschlüsse vorzubereiten. Es ist zu kontrollieren, ob die Anschlüsse und der eventuell vorhandene Antennentrimmer auch nach dem Einbau zugänglich sind. Ist das nicht der Fall, müssen alle erforderlichen Anschlüsse vor dem endgültigen Einbau hergestellt werden. Dann muß man den Antennentrimmer in Verbindung mit der bereits montierten Antenne abgleichen (s. Punkt 11). Voraussetzung dafür ist jedoch, daß die Antenne bereits an der richtigen Stelle fertig montiert ist. Ist der Antennentrimmer noch nach dem endgültigen Einbau zugänglich, so ist es zweckmäßiger, den Abgleich erst dann vorzunehmen.
Bei neueren Geräten ist eventuell auch kein Trimmer mehr vorhanden.

10. Nun werden alle erforderlichen Anschlüsse hergestellt. Auf gute Kontaktverbindungen ist besonders zu achten. Die Stromzuleitung des Empfängers kann z. B. an das Zündschloß, Klemme 30 (ständig vorhandene Spannung!) oder an den Zigarrenanzünder, den Steckkontakt oder die Sicherungsklemmleiste angeschlossen werden. Auf jeden Fall muß der Empfänger hinter einer Sicherung des Kraftfahrzeugs angeschlossen werden. Soweit erforderlich, ist nunmehr auch die Steuerleitung für die Automatikantenne anzuschließen.

Zuletzt ist noch einmal zu überprüfen, ob der Empfänger richtig beschaltet ist.

Vielfach ist auch aus Entstörungsgründen der Empfänger direkt (über eine Sicherung!) an die Batterie anzuschließen.

11. Jetzt kann der Empfänger erstmals eingeschaltet werden, und der Antennenkreis ist – nach Montage der Antenne gemäß Abschnitt 6. mit Hilfe des Antennentrimmers abzugleichen. Vor Durchführung dieser Arbeit ist die Batterie wieder anzuschließen.

Beim Abgleich muß die Antenne auf ihre maximale Länge ausgezogen sein. Der Antennentrimmer ist im allgemeinen um mehr als 360° drehbar. Beim Durchdrehen müssen zwei Maxima auftreten; ist das nicht der Fall, so liegt die Antennenkapazität nicht im vorgesehenen Abgleichbereich des jeweiligen Empfängers, oder es liegt ein Fehler anderer Art vor. Der Abgleich auf größte Lautstärke ist bei einem schwachen Sender in der Nähe der vom Hersteller angegebenen Abgleichfrequenz (nach vorheriger Einschaltung des entsprechenden Wellenbereichs) und mit auf „hell" gestellter Tonblende vorzunehmen. Bei starken Sendern wird die Regelung der Empfänger wirksam, und ein Abgleich ist nicht möglich.

Der Antennenabgleich darf keinesfalls vergessen werden, da das Empfangsergebnis weitgehend davon abhängt.

Mit nur teilweise ausgezogener Antenne ist der Empfang meist erheblich schlechter, vor allem dann, wenn bei Versenkantennen das unterste Teleskopteil nicht voll ausgezogen ist.

Nach Abschluß der Abgleicharbeit ist die Batterie wieder abzuklemmen.

12. War der Empfänger bisher noch nicht endgültig befestigt, so kann dies jetzt geschehen. Anschließend sind alle Leitungen festzulegen (z. B. mit Klebeband untereinander oder an geeigneten Teilen). Danach ist die Batterie endgültig fest anzuklemmen.

13. Nunmehr wird der Empfänger auf allen Wellenbereichen kontrolliert. Diese Kontrolle wird bei laufendem Motor und in Betrieb befindlichen sonstigen elektrischen Geräten des Kraftfahrzeugs wiederholt. Anschließend wird geprüft, ob alle anderen elektrischen Anlagen und Geräte des Kraftfahrzeugs nach wie vor funktionieren.

14. Zuletzt wird das Kraftfahrzeug entstört (s. Abschn. 7.)

Falls die Einbauarbeiten von einer Fachwerkstatt ausgeführt werden, sind dem Kunden bei der Übergabe des Fahrzeugs alle Unterlagen, wie Garantiescheine und Bedienungsanleitungen, zu übergeben. Die Bedienung der Geräte ist ihm zu erklären. Besonders bei komplizierten Geräten ist dies unerläßlich, damit der Kunde die gebotenen Möglichkeiten auch tatsächlich ausnutzen kann (Einstellung und Bedienung der Stationstasten usw.). Der Kunde ist darauf hinzuweisen, daß bei Teleskopantennen ein optimaler Empfang nur mit voll ausgezogener Antenne möglich ist. Wenn relativ lange Antennen durch Einschieben eines oberen Stabes oder mehrerer oberer Stäbe auf UKW abgestimmt werden (günstigste Länge etwa 1 m), so ist der Kunde darauf hinzuweisen, daß der untere Teleskopstab auf jeden Fall ganz ausgezogen sein muß.

5. Autoantennen

5.1. Anforderungen an Autoantennen

Für den Rundfunkempfang im Auto sind spezielle Antennen erforderlich, die hohen mechanischen und elektrischen Forderungen genügen müssen. Diese Antennen und ihre Befestigungen sind u. a. durch den Fahrtwind erheblichen Belastungen ausgesetzt. Außerdem wirken Wärme, Kälte, Feuchte und nicht zuletzt die Sprüh- und Abtaumittel im Winterbetrieb auf sie ein. Die Antennen müssen so montiert werden, daß sie durch Bäume, beim Durchfahren von Unterführungen, in der Garage usw. nicht beschädigt werden können. Die entsprechenden Forderungen der Straßenverkehrs-Zulassungs-Ordnung (StVZO) müssen beachtet werden. Danach dürfen die Antennen eine Höhe von 4 m über der Fahrbahn nicht überschreiten. Die Antennenkabel müssen benzin- und ölbeständig sein.

Das Kernstück einer jeden Autoantenne ist der Antennenstab, der die hochfrequente elektromagnetische Welle aufnimmt, die dann zum Gerät geleitet wird. Üblich sind Längen von etwa 1 bis zu 2,5 m. Der Stab muß gegenüber dem Massepotential, also der Karosserie, elektrisch gut isoliert sein, ohne daß dadurch die mechanische Stabilität beeinträchtigt wird. Die industriell gefertigten Antennen sind allen in der Praxis auftretenden Belastungen ohne Einschränkungen gewachsen. Vom Handel werden typisierte Bauformen angeboten, die je nach Wagentyp, Geräteart und persönlichen Wünschen des Käufers durch entsprechendes Zubehör ergänzt werden können. Die Autoantenne soll gut aussehen und einfach zu montieren sein. Am einfachsten ist eine Einlochbefestigung am Antennenfuß. Diese Montage ist jedoch nur für relativ kleine Antennen zu empfehlen. Größere Antennen müssen durch zusätzliche Stützen gehalten werden, um Beschädigungen der Karosserie zu vermeiden. Bei der Gestaltung der Antennenfüße werden auch ästhetische Gesichtspunkte berücksichtigt, um zu einer Harmonie zwischen der Formgestaltung des Wagens und der der Antenne zu gelangen. Bild 5.1 zeigt verschiedene Beispiele. Die Autoantenne soll an den angeschlossenen Autoempfänger auf allen vorgesehenen Wellenbereichen eine möglichst hohe Eingangsspannung liefern. Damit während der Fahrt keine Knackgeräusche auftreten, müssen alle Kontaktstellen (z. B. zwischen den einzelnen Teilen eines Antennenstabes) eine hohe Kontaktsicherheit aufweisen.

Die Antenne muß wegen der Abschirmwirkung der Metallkarosserien und der starken Störstrahlung, die innerhalb der Karosserie vorhanden ist, außerhalb des Fahrzeugs angebracht werden. Die aufgenommene Energie wird dann über ein abgeschirmtes Antennenkabel zum Empfänger geleitet. Autoantennen sind relativ kurz und haben einen geringen Abstand vom Erdboden. Daraus ergibt sich eine verhältnismäßig geringe Antennenspannung.

Allgemein gilt, daß die Antennenspannung bei LMK-Empfang etwa linear mit der Antennenlänge wächst. Eine Antenne mit doppelter Länge gibt also etwa die doppelte Spannung an den Empfänger ab. Die Reichweite des Empfangs wird daher unmittelbar von der Antenne mitbestimmt.

Lange Glasfiberantennen (etwa 2 m) ergeben bei umgebogener Montage (Spitze mit einem Haken an der Regenrinne eingehängt) auch relativ guten UKW-Empfang.

Zur Verbesserung der Empfindlichkeit bezieht man in den Lang-, Mittel- und Kurzwellenbereichen der Empfänger die Kapazität der Autoantenne mit in den konventionellen Eingangskreis der Schaltung ein. Die unterschiedlichen Kapazitäten der verschiedenen Antennen werden durch den sog. Antennentrimmer am Empfänger ausgeglichen. Hat eine Antenne z. B. eine zu niedrige Kapazität, so wird der Fehlbetrag durch den Antennentrimmer zugefügt. Aus diesem Grund gibt es für den Kapazitätsbereich von Autoantennen verbindliche Vorschriften; nach TGL 200–7026 müssen Autoantennen einen Kapazitätswert zwischen 46 und 85 pF haben. Manche Empfänger von Herstellern außerhalb der DDR sind jedoch nur für Antennenkapazitäten bis zu maximal 70 pF geeignet. Die Antennenkapazität wird auf den Anschlußstecker bezogen; sie besteht also aus der Kapazität der Antenne selbst sowie der Kabel- und der Steckerkapazität.

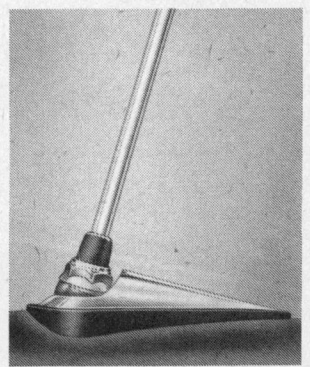 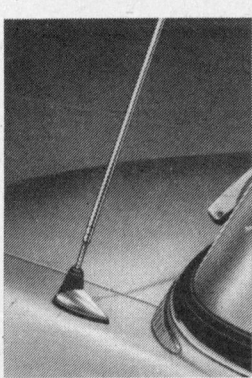 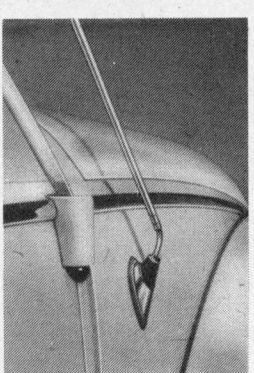

a) bei einer Versenkantenne   b) bei einer Aufbauantenne   c) bei einer Seitenantenne

Bild 5.1. Stromlinienantennenfuß in verschiedener Anwendung

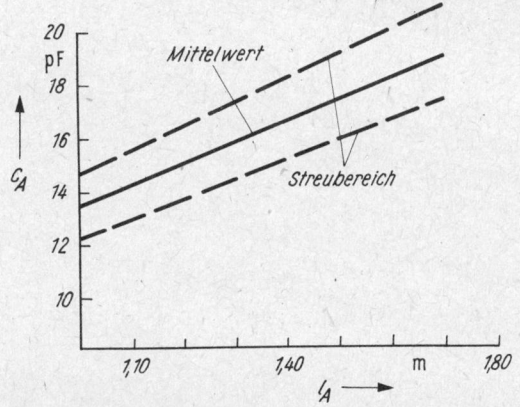

Bild 5.2. Abhängigkeit der Antennenstabkapazität C_A von der Antennenstablänge l_A

Die Antennenkapazität ist die wichtigste Kenngröße der Autoantennen. Sie wird deshalb in den Katalogen angegeben.

Man ist bestrebt, die Antennenkapazität so klein wie möglich zu halten. Da man die Kapazität eines gegebenen Antennenstabes kaum beeinflussen kann,

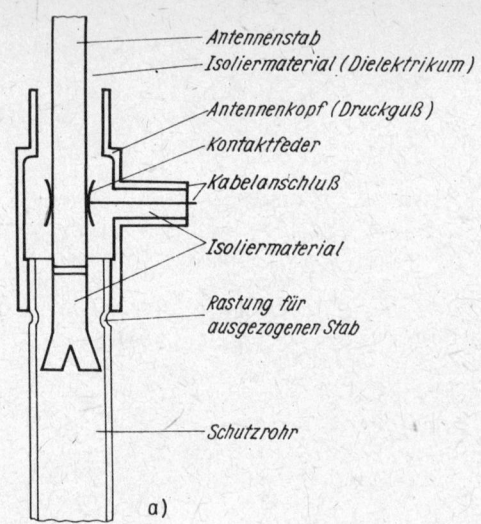

Antennenstab
Isoliermaterial (Dielektrikum)
Antennenkopf (Druckguß)
Kontaktfeder
Kabelanschluß
Isoliermaterial
Rastung für
ausgezogenen Stab
Schutzrohr

a)

Bild 5.3. Prinzipieller Aufbau einer Autoantennenanlage

a) Antennenkopf einer Versenkantenne
b) gesamte Autoantennenanlage
c) Ersatzschaltung
d) Parallelersatzschaltung
e) Zusammenfassung

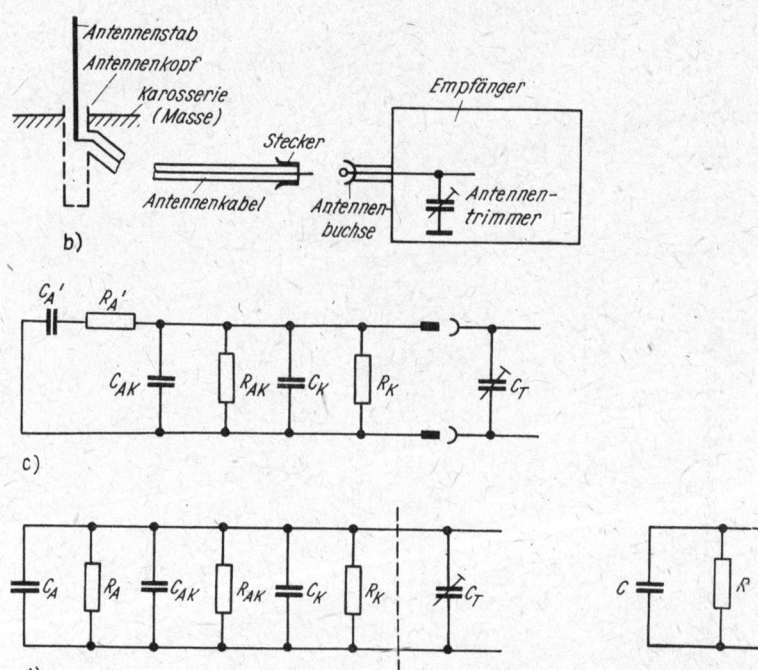

Antennenstab
Antennenkopf
Karosserie (Masse)
Empfänger
Stecker
Antennenkabel
Antennenbuchse
Antennentrimmer
b)

c)

d)   e)

verwendet man besonders kapazitätsarme Kabel (C_K etwa 30 pF/m). Mit dem Austausch eines Antennenstabes (z. B. dem Ersatz eines kleineren durch einen größeren) ist immer eine Kapazitätsänderung verbunden. Bild 5.2 zeigt die Abhängigkeit der Antennenstabkapazität C_A von der Stablänge l_A.

Bild 5.3 zeigt den prinzipiellen Aufbau einer Autoantennenanlage und die zugehörige Antennenersatzschaltung. Hierin sind C'_A und R'_A die Ersatzwerte des

Antennenstabes, C_{AK} und R_{AK} die des Antennenkopfes sowie C_K und R_K die des Kabels. C_T ist der Antennentrimmer des Geräts.

Durch Zusammenfassung der Teilkomponenten ergeben sich die charakteristischen (Gesamt-)Kennwerte einer Autoantenne. Neben der Kapazität C ist ein Widerstand vorhanden, der erhebliche Bedeutung hat. Er wird als Dämpfungswiderstand oder Parallel-Verlustwiderstand bezeichnet und liegt parallel zum Eingangskreis des Empfängers und bedämpft diesen unerwünscht. Der Wert von R kann stark schwanken; er ist u. a. von der Konstruktion, der Empfangsfrequenz und der Feuchtigkeit abhängig. Der Dämpfungswiderstand wird meist für eine Frequenz von $f = 1$ MHz angegeben. In der Praxis sind Werte von $R > 1$ MΩ üblich.

Der kleinste zulässige Wert ist $R_A = 100$ kΩ. Wenn der Dämpfungswiderstand auf noch kleinere Werte absinkt, macht sich dies besonders beim Empfang schwacher Sender stark bemerkbar, und bei Automatikgeräten sind Funktionsstörungen zu erwarten. Der Widerstand R kann z. B. durch Wassereinwirkung, besonders in Verbindung mit Netzmitteln (Waschmittel) so stark absinken, daß schwache Sender nur noch sehr schlecht oder sogar überhaupt nicht mehr empfangen werden können.

Der Dämpfungswiderstand R wird nicht nur von den Antenneneigenschaften selbst, sondern auch vom Kabel und vom Antennenstecker mitbestimmt. Daher werden ausschließlich Kabel mit Kupferdrähten und aus hochwertigem Isoliermaterial verwendet. Auch für die Stecker sind hochwertige Isoliermaterialien erforderlich. Die in den Katalogen angegebenen Eigenschaften gelten für die Antenne einschließlich Kabel. Wird eine Antenne so montiert, daß das Antennenkabel verlängert werden muß, so ergeben sich daraus Auswirkungen auf die Antenneneigenschaften.

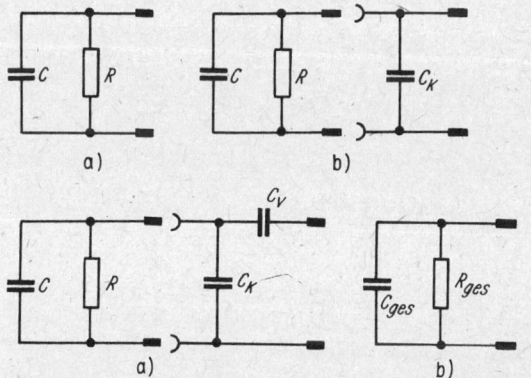

Bild 5.4. Ersatzschaltung der Autoantenne mit Verlängerungskabel

a) Antenne allein
b) Antenne mit Verlängerungskabel

Bild 5.5. Ersatzschaltung einer Autoantenne mit Verlängerungskabel und Verkürzungskondensator

a) Ersatzschaltung der Einzelkomponenten
b) resultierende (Gesamt-)Komponenten

Den Verlustwiderstand des Verlängerungskabels kann man im allgemeinen vernachlässigen, keinesfalls jedoch die Kabelkapazität C_K, denn diese addiert sich zur vorhandenen Antennenkapazität (s. Bild 5.4). Wird die für den vorhandenen Empfänger zulässige Antennenkapazität überschritten, muß die Gesamtkapazität von Antenne und Verlängerungskabel durch einen Reihenkondensator (C_V) verringert werden, damit der Antennentrimmer des Geräts wieder abgleichbar ist (s. Bild 5.5). Trotzdem verändern sich aber die elektrischen Werte der Antenne. Der Antennenwiderstand R wird auf einen wesentlich höheren Wert R_{ges} transformiert. Außerdem tritt durch den Kondensator C_V eine Spannungsteilung auf, die zu einer Verschlechterung des Empfangs führt.

Man sollte darum auf jeden Fall versuchen, mit der Normallänge des Kabels von etwa 1 bis 1,5 m auszukommen. Die Industrie liefert jedoch auch Verlängerungskabel in Längen bis zu etwa 4,5 m, deren Stecker die jeweils erforderlichen Verkürzungskondensatoren C_V enthalten.

5.2. Bauformen von Autoantennen

Man unterscheidet Aufbauantennen, Seitenantennen, Versenkantennen und Automatikantennen. Außerdem gibt es elektronische Autoantennen und verschiedene Arten von Hilfsantennen. Allen erstgenannten Autoantennen ist der Antennenstab als elektrisch wirksamer Teil gemeinsam. Meist ist dieser Stab als Teleskop aus mehreren Rohren und einem Vollstab als oberstem Teil aufgebaut, so daß die Antenne zusammenschiebbar ist. Es gibt aber auch aus einem Stück bestehende Antennenstäbe.

Den Antennenstab gibt es in verschiedenen Varianten:
a) Teleskopantennenstab aus verchromten Messingrohren oder schwarz gefärbt
b) Teleskopantennenstab aus Edelstahlrohren ohne zusätzliche Oberflächenbehandlung oder schwarz gefärbt
c) hochelastischer Glasfiberantennenstab mit Kupferdrahtinnenleiter (Elastikantennen)
d) Edelstahlrute mit Biegefeder (Federfuß).
e) relativ kurze elastische Stäbe aus leitfähigem Kunststoff (Plast)
Die verschiedenen Antennenstabvarianten haben folgende Eigenschaften:
a) Messingrohrteleskope erfüllen alle allgemeinen Anforderungen. Ihre Oberfläche ist hochglanzverchromt oder schwarz gefärbt. Dieser Oberflächenschutz gewährleistet eine ausreichende Lebensdauer, wenn das Minimum an Pflege, das diese Antennen erfordern, nicht unterlassen wird (s. Abschn. 6.). Ein Abblättern und unnormales Abschaben der Chromoberfläche ist bei solchen Antennen auf fehlerhafte Behandlung zurückzuführen. Die verchromten Stäbe sehen auch sehr dekorativ aus.
b) Teleskopstäbe aus Edelstahlrohren erfüllen hohe Anforderungen. Ihre Oberfläche ist unauffällig matt. Eine zusätzliche Oberflächenbehandlung ist nicht erforderlich, da Edelstahl in normalen Klimaten korrosionsbeständig ist. Sie sind auch unempfindlich gegenüber der Einwirkung von Streusalzen und Laugen, die im Winter als Abtaumittel auf den Straßen verwendet werden. Auch diese Antennen müssen gepflegt werden. Vor allem müssen die Teleskopstäbe öfter vom Straßenstaub befreit werden (s. Abschn. 6.) Die Teleskopstäbe haben eine relativ große Lebensdauer. Sie sind im allgemeinen elastischer als Messingrohrteleskope. Wegen der allgemein sehr geringen Rohrwanddicke besteht bei starkem Abbiegen die Gefahr des Einknickens.
c) Glasfiberantennenstäbe erfüllen höchste Anforderungen hinsichtlich Oberflächenbeschaffenheit und mechanischer Widerstandsfähigkeit. Sie werden mit verschiedenfarbigem schlag- und kratzfestem Lack geliefert. Es ist kaum möglich, diese Antennenstäbe mechanisch zu zerstören. Sie erfordern nur sehr wenig Pflege, die sich im wesentlichen auf das Entfernen grober Verschmutzungen beschränkt. Häufiges Anstoßen an verschiedene Hindernisse und auch sehr starkes Verbiegen beeinträchtigen ihre Funktionsfähigkeit nicht.
d) Edelstahlruten mit Biegefeder (Federfuß) entsprechen in ihren mechanischen Eigenschaften etwa den Glasfiberantennenstäben.

e) Stäbe aus leitfähigem Plast gibt es aus Stabilitätsgründen nur mit relativ kurzer Länge (etwa 40 cm). Die Empfangsleistung ist daher bei LMK eingeschränkt. Bei UKW kann Resonanz mit eingebauten Verlängerungsspulen erzielt werden (trotzdem entsteht ebenfalls eine verringerte Empfangsleistung). Die charakteristischen Einzelheiten der verschiedenen Antennenbauformen werden nachfolgend erläutert. Es gibt darüber hinaus weitere Varianten, die sich z. B. durch die Antennenfüße, die Kabellängen bzw. die Anschlußstecker unterscheiden. Diese werden hier nicht betrachtet.

5.2.1. Aufbauantennen

Die Aufbauantennen werden mit Teleskop-, Glasfiber- oder Edelstahlruten-Antennenstäben ausgerüstet, die fest oder abnehmbar mit dem Antennenfuß verbunden sind. Sie werden an horizontalen oder wenig geneigten Flächen des Fahrzeugs montiert und sind nicht unter die Karosserie versenkbar.

Aufbauantennen gibt es in sehr vielen Varianten, die sich alle durch besondere Einfachheit auszeichnen. Dementsprechend ist auch der Preis dieser Antennen vergleichsweise niedrig. Sie weisen jedoch auch einen wesentlichen Nachteil auf, denn sie sind gegen mutwillige (Bild 5.6) oder versehentliche Beschädigungen wenig geschützt. Antennen mit abnehmbaren Stäben bieten den Vorteil, daß man die Stäbe beim unbeaufsichtigten Parken, bei der Benutzung automatischer Waschanlagen und zum Austausch bei Beschädigung einfach abnehmen kann.

Bild 5.6. Mutwillig zerstörte Antenne

Die Montage der Antennen ist unkritisch, da keine besonderen Forderungen an die Einbautiefe unter der Karosserie gestellt werden. Das Anschlußkabel kann fest angeschlossen oder abnehmbar sein. Manche Antennen können mit Hilfe von Drehgelenken oder Biegestücken einfach geschwenkt werden. Bei anderen Bauformen ist der Antennenstab mittels Feder und Biegestück am Fuß elastisch befestigt. Bei relativ langen Antennenstäben und Einlochbefestigung wird die Befestigungstelle stark beansprucht, da allein der Antennenfuß der Antenne Halt geben muß. Besonders bei dünnen Karosserieblechen und beim Anstoßen der Antenne an Hindernisse kann das Karosserieblech ausbeulen oder sogar einreißen. Antennen mit größerer Länge als etwa 1,20 m sollten daher mit einer zusätzlichen Antennenstütze befestigt werden.

Bild 5.7 zeigt einige Beispiele von Aufbauantennen. Ausführung a) ist eine

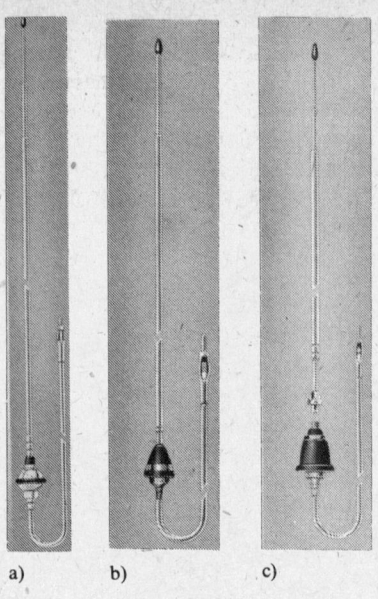

a)   b)   c)   d)

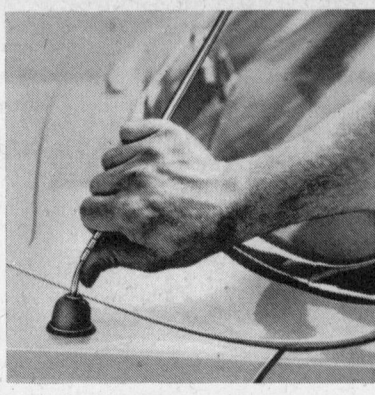

Bild 5.8. Am Biegestück wird der Antennenstab in die gewünschte Neigung gestellt

Bild 5.7. Aufbauantennen
Einzelheiten im Text

a) freistehend

b) in Haken
(an der Dachrinne montiert) eingehängt

Bild 5.9. Relativ lange (2 m) Aufbauantenne mit Glasfiberstab für Weitempfang (LMK), die auch guten UKW-Empfang gewährleistet ($\lambda/2$-Resonanz)

Aufbauantenne mit dreiteiligem Teleskopstab, der fest mit dem Antennenfuß verbunden ist. Die Antenne ist von außen montierbar. Ausführung b) hat einen zweiteiligen Teleskopstab, der durch ein Biegestück mit dem Fuß verbunden ist. Der Antennenfuß muß von unterhalb der Karosserie befestigt werden. Ausführung c) zeigt eine Antenne mit dreiteiligem Teleskopstab und Biegestück. Der Stab ist abnehmbar. Die Antenne kann von außen montiert werden. Beispiel d) zeigt eine Antenne, bei der der Antennenstab mittels einer Feder am Antennenfuß befestigt ist. Die vorliegende Ausführung ist vorzugsweise für Dachmontage (Top-Antenne) vorgesehen.

Bild 5.8 zeigt, wie eine Aufbauantenne nach erfolgter Montage am Biegestück in die gewünschte Lage gebogen wird.

Die Bilder 5.9 und 5.10 zeigen noch weitere Aufbauantennen.

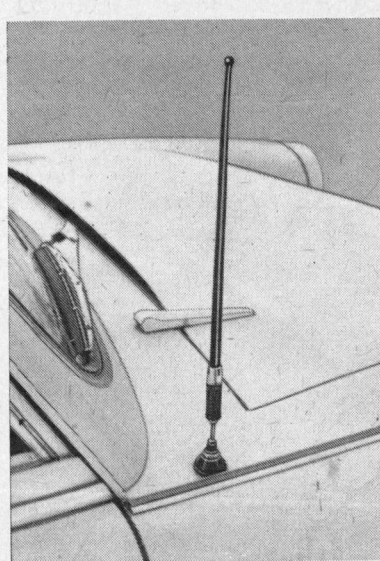

Bild 5.10. Kurze Aufbauantenne mit (leitfähigem) Plaststab und eingebauter UKW-Resonanzspule (im Befestigungsteil des Stabes)

5.2.2. Seitenantennen

Seitenantennen unterscheiden sich von den Aufbauantennen im wesentlichen dadurch, daß sie durch einen geeigneten Fuß vorzugsweise an nahezu senkrechten Befestigungsflächen montiert werden. Sie sind einfach und unkompliziert und deshalb auch relativ billig. Ihre Eigenschaften und Ausführungsformen ähneln im wesentlichen (bis auf die Biegefeder) den Aufbauantennen. Der Einbau ist unkompliziert, besonders bei den Ausführungen, die durch Blechschrauben von außen befestigt werden.

Bild 5.11 zeigt eine Seitenantenne für Zweilochbefestigung mit zwei Blechschrauben. Das abnehmbare Teleskop ist dreiteilig und mit einem Biegestück versehen. An den gleichen oder einen ähnlichen Fuß kann auch ein Glasfiberstab oder eine andere Teleskopausführung aufgesetzt werden.

Zum Abnehmen des Antennenstabes wird vielfach ein kleiner handlicher Maulschlüssel mitgeliefert, der sich z. B. bei der automatischen Fahrzeugwäsche als nützlich erweist. Zum Verschließen der verbleibenden Öffnung am Antennenfuß dient eine Plastkappe.

Bild 5.12 demonstriert die vielfältigen Variationsmöglichkeiten, die ein Biegestück hinsichtlich der Einstellung (Neigung) des Antennenstabes bietet. Das Biegestück besteht aus sehr zähem und stabilem Material (z. B. Neusilber), so daß eine oftmalige Einstellung möglich ist, ohne daß das Biegestück abbricht.

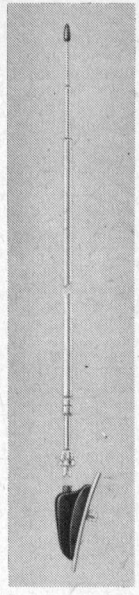

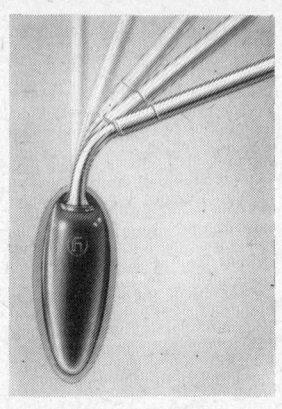

Bild 5.12. Schwenkgmöglichkeiten bei einer Seitenantenne

Bild 5.11. Seitenantenne für Zweilochbefestigung

5.2.3. Versenkantennen

Bei den Versenkantennen ist der Antennenstab vollständig unter die Karosserieverkleidung versenkbar. Deswegen lassen sich nur Teleskopantennenstäbe verwenden. Der Antennenfuß kann für horizontale oder geneigte Karosserieteile bestimmt sein. Entsprechend dem Aufwand sind sie jedoch auch relativ teuer.

Bei den einfacheren Ausführungen kann man einen aus der Karosserie herausragenden Knopf fassen und die Antenne von Hand ausziehen. Im eingeschobenen Zustand ist keine Beschädigung der Antenne möglich. Auch automatische Waschanlagen richten keinen Schaden an. Gegen mutwillige Beschädigungen kann man sich durch die verschließbaren Typen schützen. Bei einigen Ausführungen rastet der Antennenknopf beim Eindrücken in den Antennenfuß ein. Er kann nur durch einen passenden Hakenschlüssel wieder herausgezogen werden. Ein Herausziehen mit der Hand oder sonstigen Hilfsmitteln ist nicht ohne weiteres möglich. Andere Ausführungen haben ein echtes Schloß, das nur durch den zugehörigen Schlüssel betätigt werden kann. Solche Antennen sind gegen unbefugtes Herausziehen völlig sicher. Mit Hilfe des Schlüssels wird der Verschluß entriegelt. Der Knopf springt dann ein Stück aus dem Antennenfuß heraus, so daß danach die Antenne von Hand herausgezogen werden kann (Bild 5.13). Verschließbare Antennen lassen sich im allgemeinen ohne Betätigung des Schlüssels einschieben.

Manche Ausführungen von verschließbaren Antennen lassen sich auch ohne ständige Benutzung des Schlüssels herausziehen, wenn man über den Antennenknopf einen zusätzlichen Stülpknopf aufsetzt, so daß die Antenne auch bei starkem Andrücken nicht völlig versenkbar ist.

Die verschiedenen Typen von Versenkantennen unterscheiden sich durch die Ausführung des Fußes, die Anzahl der Teleskope, die Stablänge, die Einbautiefe und den Anschluß des Antennenkabels (der fest, abschraubbar, rechtwinklig, schräg oder parallel zum Schutzrohr sein kann).

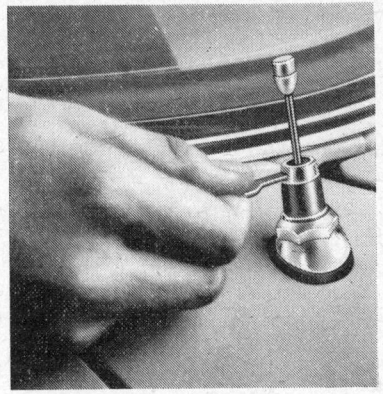

Bild 5.13. Verschließbare Autoversenkantenne

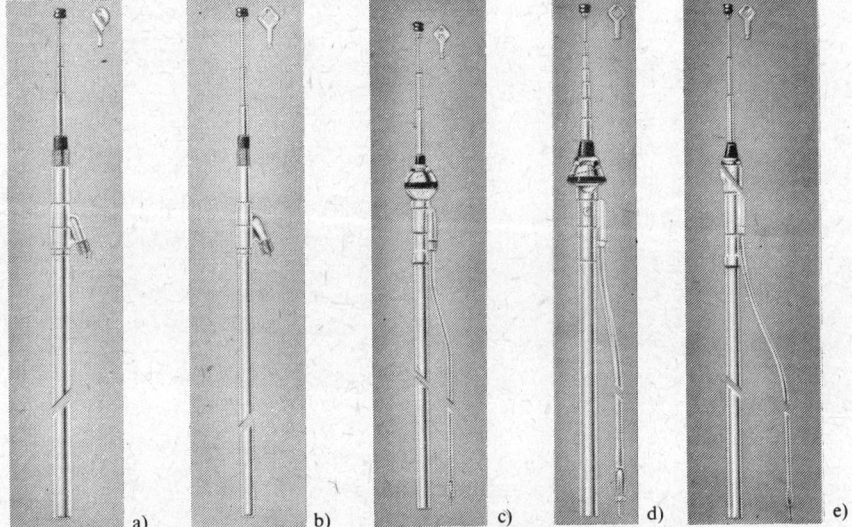

a) b) c) d) e)

Bild 5.14. Verschiedene Ausführungsvarianten von Versenkantennen
Einzelheiten im Text

Bild 5.14 zeigt einige Ausführungsbeispiele von Versenkantennen. Ausführung a) ist verschließbar und mit Stülpknopf ausgerüstet. Diese Antenne hat einen schrägen, abnehmbaren Kabelanschluß und vier Teleskopstäbe. Sie ist nur von unterhalb der Karosserie aus montierbar. Ausführung b) ist der Ausführung a) ähnlich. Sie ist jedoch nur mit drei Teleskopstäben ausgerüstet und erfordert deswegen eine größere Einbautiefe als Ausführung a). Ausführung c) hat einen festen Kabelanschluß parallel zum Schutzrohr und drei Teleskope. Sie ist verschließbar und mit Stülpknopf ausgerüstet. Diese Antenne kann von oben (also von außen!) eingebaut werden. Ausführung d) entspricht im Aufbau wesentlich der Ausführung c); sie ist jedoch mit sieben Teleskopen ausgerüstet und erfordert daher eine extrem geringe Einbautiefe. Die Ausführung e) zeigt eine verschließbare und mit Stülpknopf ausgerüstete Variante, deren wesentlicher Unterschied gegenüber den anderen Ausführungen darin besteht, daß der Antennenkopf für eine stärker abgeschrägte Montagestelle vorgesehen ist.

5.2.4. Automatikantennen

Die bisher beschriebenen Teleskopantennen müssen von Hand betätigt werden. Man kann die Antenne entweder auch bei Nichtgebrauch ausgezogen lassen und damit auf die Vorteile des Teleskopstabes verzichten, oder man muß beim Einschalten des Autoradios die Unbequemlichkeit des Anhaltens und Herausziehens des Antennenstabes auf sich nehmen. Einen besonderen Komfort bieten Versenkantennen, die mit einer Fernbedienungseinrichtung ausgerüstet sind.

Bild 5.15
Fernbedienbare
Handkurbelantenne

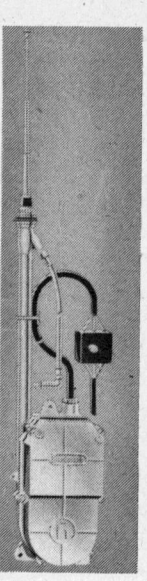

Bild 5.16
Elektrisch fernbedienbare Automatikantenne mit Motorantrieb

Man unterscheidet eine billige Ausführung, die mittels einer Kurbel, die in unmittelbarer Nähe des Fahrersitzes angeordnet ist, von Hand bedient wird (Bild 5.15), und die durch einen Elektromotor angetriebene echte Automatikantenne (Bild 5.16). Die letztgenannte Antenne ist zwar elegant und bequem, wegen des erforderlichen hohen Aufwands ist aber auch der Preis recht hoch. Eine Motorautomatikantenne wird über eine Steuerleitung beim Einschalten des Empfängers automatisch ausgefahren und beim Ausschalten eingefahren. Deswegen ist sie auch gut vor Unbefugten geschützt. Beim Aussteigen kann man anhand der Antennenstellung meist kontrollieren, ob der Empfänger ausgeschaltet ist.

Der Motorantrieb ist im allgemeinen fest an das Schutzrohr angebaut, für Sonderfälle gibt es auch einen flexiblen Motoranbau. Der Antriebsmotor schaltet in den Endstellungen selbsttätig ab, so daß kein für die Bordanlage unzulässiger Strom während der gesamten Betriebszeit auftritt.

5.2.5. Elektronische Autoantennen

Bei den sog. elektronischen Autoantennen sind unmittelbar am Antennenteil, der die Energie aufnimmt, Verstärkerschaltungen angeordnet. Darum spricht man auch von „integrierten" oder „aktiven" Empfangsantennen. Vorteilhaft ist, daß die aufgenommene Antennenenergie sofort verstärkt wird. Ein hinter dem Verstärker angeordnetes Kabel kann auch bei großer Länge das Signal-Rausch-Verhältnis nicht mehr verschlechtern.

Es gibt drei Möglichkeiten der Anwendung elektronischer Antennen:
a) Durch einen Verstärker im Fuß der üblichen Stabantennen wird der Störabstand verbessert und damit die Reichweite erhöht (verbesserter Fernempfang, Bild 5.17).
b) Bei Beibehaltung des bisherigen Störabstandes kann die Stablänge verringert werden.
c) Bei Zugeständnissen an den Fernempfang kann die Größe des aufnehmenden Antennenteils weiter reduziert werden. Man kann dann z. B. Rückblickspiegel (Bild 5.18) oder andere von der Fahrzeugkarosserie isoliert anzubringende Teile als Antenne verwenden. Bei den üblichen Zubehörteilen als Antennenorgan in Verbindung mit integrierter Elektronik treten aber bemerkbare Fernempfangsverschlechterungen gegenüber konventionellen Stabantennen auf.

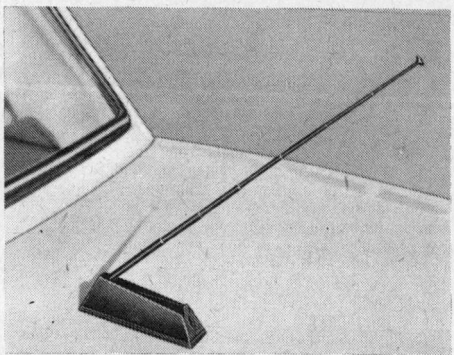

Bild 5.17. Elektronische Stabantenne (Stablänge etwa 40 cm); auf dem Kofferraumdeckel montiert. Der Verstärker (integrierte Elektronik) ist im Befestigungsfuß untergebracht

*Bild 5.18
Elektronische Antenne in Form eines Rückspiegels*

Alle vorstehend genannten Ausführungen von elektronischen Antennen haben in Sendernähe (z. B. Stadtgebiet von Berlin) einen erheblichen Nachteil, sie verschlechtern das Großsignalverhalten der Empfänger. In Autoradios wird durch möglichst hohe Eingangsselektion den Übersteuerungs- und Kreuzmodulationseffekten entgegengewirkt. Diese Eigenschaften werden durch die elektronischen Antennen fast völlig aufgehoben, denn die verwendeten Breitbandverstärker führen beim Vorhandensein mehrerer leistungsstarker Sender unbedingt zu solchen Effekten. Zu beachten ist gegebenenfalls, daß die Verstärker an Antennen neben dem Nutzsignal des empfangenen Senders auch in mindestens gleicher Weise Störungen verstärken.

Die kleinen Abmessungen der elektronischen Antennen (z. B. in Form von Sportrückspiegeln oder mit relativ kurzen Stäben der verschiedensten Arten), ihr zusätzlicher Gebrauchswert (Zusatzspiegel!), die geringe Möglichkeit von Beschädigungen (z. B. in automatischen Waschanlagen) und die ständige Betriebsbereitschaft gegenüber Versenkantennen werden oft als so vorteilhaft angesehen, daß man den Nachteil verringerter Reichweite des Empfangs in Kauf nimmt.

Der zusätzliche Stromverbrauch der Elektronik ist vernachlässigbar; selbst bei ständig eingeschalteter Elektronik liegt der Verbrauch unterhalb der Selbstentladung der Autobatterie.

Bevor man eine elektronische Autoantenne kauft, sollte man die Vor- und Nachteile sorgfältig abwägen und erst dann eine Entscheidung treffen. Die Verstärkung kann bei älteren, nicht besonders leistungsfähigen Empfängern eine Empfangsverbesserung ergeben, bei modernen Empfängern ist allgemein keine Verbesserung möglich.

Die Entwicklung des technischen Standes bei solchen Antennen kann heute jedoch noch nicht als abgeschlossen gelten. Neue Erzeugnisse weisen zumeist auch elektrische Verbesserungen auf. Weitere neuere Erzeugnisse zielen u. a. darauf ab, z. B. für sich allein als unbrauchbar geltende sog. Scheibenantennen (in oder auf der Front- oder Heckscheibe angebrachter Leiter) durch direkt angebrachte elektronische Schaltungen als Antenne brauchbar zu machen.

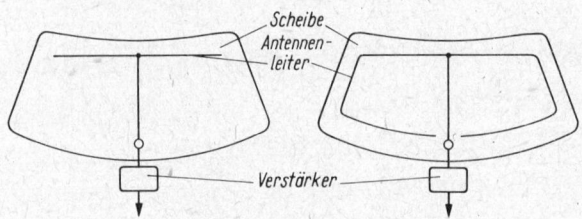

Bild 5.19. Scheibenantenne(elektronisch)mit Verstärker am Anschlußpunkt; in verschiedenen Leitervarianten

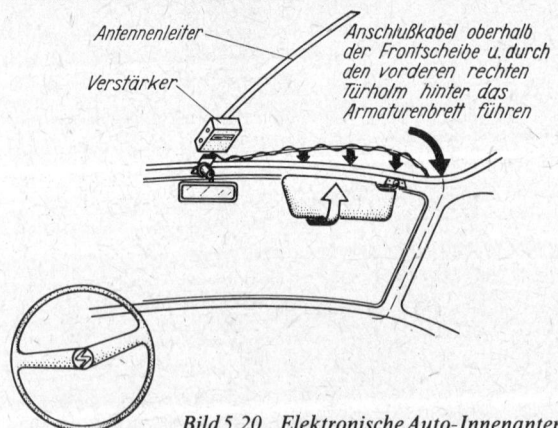

Bild 5.20. Elektronische Auto-Innenantenne für PKW Trabant(„carina")

74

Bild 5.19 zeigt zwei prinzipielle Beispiele solcher Anordnungen. Die als Antenne wirksamen Leiter werden zumeist industriell in die Scheiben eingebettet oder aufgesintert. Eine solche Scheibe mit Scheibenantenne und Verstärker muß zweckmäßig von einer Fachwerkstatt anstelle der normalen Scheibe im PKW eingesetzt werden.

Es sind auch Bausätze bekannt, die vom Interessenten selbst montiert werden können (spezielle Klebetechnik). Zu beachten ist bei dieser Art von Antennen, daß sie eine relativ geringe elektrische Höhe haben (relativ geringes Signal), die aber z. T. durch die Elektronik ausgeglichen wird, und daß sie auch ziemlich nahe an Störquellen liegen (starke Störungen, zumeist vom Scheibenwischer), so daß erhöhter Entstöraufwand erforderlich ist.

Als Besonderheit ist beim PKW Trabant eine ähnliche Anordnung als Auto-Innenantenne (Bild 5.20) innen am Dach verwendbar (Klebetechnik). Da das Dach bekanntlich aus Plast besteht, läßt es die elektromagnetischen Wellen nahezu ungehindert durch.

5.2.6. Hilfsantennen

Guter Rundfunkempfang ist aus den bereits erläuterten Gründen nur mit einer außerhalb der Fahrzeugkarosserie angebrachten Autoantenne möglich. Auch durch die Fenster gelangt nur sehr wenig Energie zu Antennen innerhalb der Karosserie.

Mit vielen Untersuchungen wurde bewiesen, daß eine Außenantenne für guten Rundfunkempfang im Kraftfahrzeug unentbehrlich ist.

Hilfsantennen befinden sich außerhalb der Karosserie. Sie lassen sich einfach, ohne besondere Montagemaßnahmen, am Fahrzeug befestigen und genauso leicht wieder abnehmen. Sie sind also nicht fester Bestandteil des Fahrzeugs wie die bisher erläuterten Ausführungen.

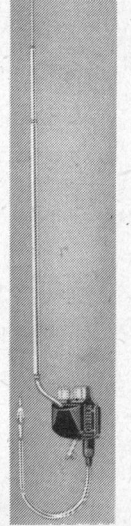

Die Hilfsantennen werden häufig beim Betrieb von Kofferempfängern im Auto und beim Camping benutzt. Natürlich läßt sich damit auch ein Autosuper betreiben.

Die Anforderungen an solche Antennen sind naturgemäß nicht so hoch wie die an fest montierbare Ausführungen. Sie ermöglichen jedoch einen wesentlich besseren Empfang als die gerätegebundenen Antennen von Kofferempfängern.

Die Hilfsantennen können aus Teleskop- oder Glasfiberstäben bestehen. Sie werden meist mit einem Metallbügel oder einem Gummisaugnapf befestigt, der auf ein Kurbel- oder Kippfenster aufgesetzt und evtl. zusätzlich verspannt wird. (s. a. Bild 5.21).

Bild 5.21. Autofensterantenne mit Klemmbefestigung

5.3. Besonderheiten der UKW- und Fernsehautoantennen

Autoantennen müssen dem Fahrbetrieb und der Formgestaltung der Wagen weitgehend angepaßt sein. Für den FM-Hörrundfunk und Fernsehrundfunk im Auto sind also die üblichen UKW- und Fernsehhochantennen nicht anwendbar. Sie sind auch deshalb ungeeignet, weil sie eine Richtwirkung haben. Beim Empfang im Auto muß wegen der ständig wechselnden Richtung, aus der der jeweils eingestellte Sender empfangen wird, ein Rundempfang möglich sein. Nullstellen ergeben unvermeidlich zeitweilige Empfangseinbrüche.

Die Erfahrung hat gezeigt, daß auch mit den üblichen Autoantennen ein guter UKW-Rundfunk- und gegebenenfalls sogar Fernsehempfang möglich ist.

Der Fernsehempfang ist jedoch problematischer, so daß heute auch spezielle Fernsehautoantennen verwendet werden. Für UKW- und Fernsehautoantennen gelten einige Besonderheiten, auf die nachfolgend eingegangen wird.

5.3.1. Anpassung von UKW- und Fernsehautoantennen

Beim Empfang im UKW-Bereich kommen die Antennenabmessungen in die Größenordnung der zu empfangenden Wellenlänge. Daraus ergeben sich bestimmte Eigenschaften der Antenne. Um eine möglichst große Energie von der Antenne zum Empfänger zu bringen, muß das Gesetz der Anpassung weitestgehend erfüllt werden, d. h., es muß gelten

$$R_A = Z = R_E.$$

Hierin ist R_A der Fußpunktwiderstand der Antenne, Z der Wellenwiderstand des Antennenkabels und R_E der Eingangswiderstand des Empfängers. Gegenüber den üblichen Dipolantennen, bei denen der Antennenwiderstand praktisch konstant und unabhängig von der Umgebung ist, schwankt der Antennenwiderstand normaler Autoantennen sehr stark. Eine Autoantenne ist praktisch ein Monopol (Einpol), bei dem das erforderliche Gegengewicht durch die Fahrzeugkarosserie gebildet wird. Dementsprechend sind die Einflüsse der verschiedenen Karosserien, der verschiedenen Montagemöglichkeiten usw. auf den Antennenwiderstand groß; es ist unmöglich, einen verbindlichen Richtwert anzugeben. Der Antennenwiderstand einer Autoantenne kann bei hohen Frequenzen zwischen etwa 20 und über 1 000 Ω liegen.

Man schließt deshalb bei der Antennenanpassung einen Kompromiß und nimmt nur eine Anpassung zwischen Antennenkabel und Empfängereingang vor. Der Übergang Antenne – Antennenkabel ist in den meisten Fällen nicht exakt anpaßbar. Durch Variation der Länge einer Autoantenne läßt sich meist eine ausreichende Anpassung Antenne – Kabel herstellen.

Die Antenne ist jedoch bei entsprechender Anordnung und Abstimmung in der Praxis voll funktionsfähig, und man versucht, die Fehlanpassung auf vertretbare Werte zu reduzieren. Da beim Empfang im Auto ohnehin gewisse Mindestfeldstärken erforderlich sind, ist eine verbleibende Fehlanpassung und der dadurch bedingte Leistungsverlust nicht sehr störend. In besonderen Fällen, z. B. bei kommerzieller Technik (UKW-Verkehrsfunk) im Auto, müssen die Antennen am Fahrzeug eingemessen und entsprechende Anpassungsfilter verwendet werden.

Das Antennenkabel muß, wie bereits erläutert, so kapazitätsarm wie möglich sein. Es hat jedoch auch einen bestimmten Wellenwiderstand, der für den

UKW-Betrieb bei $Z \approx$ 150 bis 180 Ω liegt (zum Vergleich: 60 bis 75 Ω bei Hoch-antennenanlagen). Die Eingänge der Autoempfänger werden daher für UKW für etwa 150 bis 180 Ω (maximal) dimensioniert.

5.3.2. Polarisation von UKW- und Fernsehautoantennen

Die üblichen Autoantennen sind näherungsweise vertikal montiert. Deswegen funktionieren sie bei vertikaler Polarisation der Sendeantenne des gewünschten Senders am besten. Die meisten UKW- und Fernsehsender sind jedoch horizon-tal polarisiert. Hieraus ergeben sich gewisse Schwierigkeiten. (Zum Vergleich: Die UKW- und Fernsehhochantennen sind horizontal montiert.)

Trotzdem ist auch im Auto aufgrund der durch die Metallkarosserie hervorge-rufenen Verzerrungen des elektrischen Feldes guter UKW-Empfang möglich.

Bild 5.22. Für UKW-Empfang geeignete Aufbauantenne mit Biegestück (Wartburg 311/312)

Bild 5.22 zeigt eine für den UKW-Empfang geeignete Aufbauantenne mit Bie-gestück an einem PKW (Wartburg). Der günstigste Abstand vom vorderen Holm beträgt etwa 10 cm, die Neigung der Antenne sollte der Neigung des Holms möglichst entsprechen. Mit möglichst schräg stehenden Seiten-, Fenster- und Dachantennen entsprechender Länge ist jedoch auch ein guter UKW-Empfang möglich.

5.3.3. Abstimmung von UKW- und Fernsehautoantennen

Die normalen Autoantennen sind, wie bereits erläutert, unsymmetrisch; die Ka-rosserie bildet das Gegengewicht. Man kann sie in λ/4- und λ/2-Resonanz be-treiben. Mit λ wird die empfangene Wellenlänge bezeichnet. Bei der λ/4-Reso-nanz ist z. B. ein reeller Widerstand von etwa 30 Ω und bei Anpassung ein Maximum an Antennenspannung erreichbar. In der Praxis ist jedoch im allgemeinen wegen der erforderlichen Kompensation von kapazitiven Anteilen (Antennenfuß usw.) und des anzustrebenden reellen Widerstandes von etwa 150 Ω ein induktiver Anteil erforderlich. Die Antenne muß also länger als λ/4 sein.

Die wirksame Antennenlänge (Resonanzlänge) kann natürlich nur diejenige Stablänge sein, die sich außerhalb der Abschirmwirkung von Metallteilen befindet und die elektromagnetische Energie aufnehmen kann. Sie reicht daher von der metallischen Antennenstabspitze bis zum Beginn der Abschirmwirkung. Nichtmetallische Teile zur Isolation am Antennenkopf sind nicht wirksam. Auch der Teil eines Teleskopantennenstabes, der sich unter dem Einfluß der abschirmendenWirkung der Antennenbefestigung befindet, kann keine Energie aufnehmen und stellt daher nur eine (kapazitive) Blindwiderstandsbelastung dar.

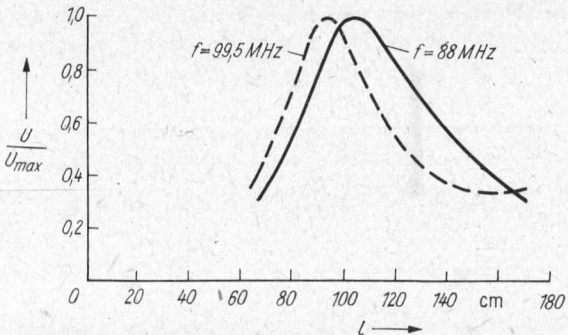

Bild 5.23. Resonanzkurve einer Teleskopantenne, abhängig von der Antennenlänge und bei verschiedenen Frequenzen

Bild 5.23 zeigt die gemessenen Resonanzkurven einer üblichen Autoantenne, die relativ frei stehend montiert ist, bei verschiedenen Empfangsfrequenzen. Es ist erkennbar, daß mit einer jeweils charakteristischen Antennenlänge ein maximales Empfangsergebnis erreicht wird.

Daneben besteht auch bei anderen Antennenlängen noch eine Empfangsmöglichkeit, jedoch ist das Empfangsergebnis schlechter. Besonders dann, wenn die Antennen länger sind als die Resonanzlängen, ist der Abfall der Antennenspannung nicht so groß wie bei einer Verringerung der Länge um den gleichen Betrag. Diese Tatsache kommt den Forderungen des Lang-, Mittel- und Kurzwellenempfangs etwas entgegen, da ja dort eine möglichst lange Antenne empfehlenswert ist. Bei frei stehenden Autoantennen ist eine Resonanzabstimmung zwischen λ/4 und λ/2 günstig, weil dann die Anpassung relativ gut ist. Der Realteil des Antennenwiderstandes beträgt etwa 150 Ω, und der induktive Blindanteil wird durch die Kopf- bzw. Fußkapazität kompensiert.

Wegen des unterschiedlichen Aufbaus und der damit verbundenen unterschiedlichen Kapazität am Antennenfuß können sich zwischen Aufbauantennen und Versenkantennen mit Teleskop geringfügige Abweichungen ergeben, die in der Praxis aber zu vernachlässigen sind.

Bei Glasfiberantennenstäben werden zusätzlich ein Verkürzungsfaktor und ein wesentlich größerer Schlankheitsgrad (Verhältnis von Antennenlänge zu Leiterdurchmesser) wirksam. Daraus ergeben sich eine andere Resonanzlänge und vor allem eine verringerte Bandbreite. Diese Abweichungen sind nicht vernachlässigbar, so daß solche Antennen mit handelsüblichen Stablängen für UKW-

Empfang nicht empfohlen werden (ausgenommen die Glasfiber-Typen mit etwa 2 m Stablänge).

Besondere Beachtung verdienen Aufbauantennen mit Biegefeder (Federfußantennen) beim UKW-Empfang. Die Biegefeder am unteren Ende stellt eine Induktivität dar, die mit der Antenne in Reihe geschaltet ist. Im Lang-, Mittel- und Kurzwellenbereich ist der Einfluß dieser Feder allgemein zu vernachlässigen. Im UKW-Bereich werden die Antenneneigenschaften jedoch erheblich beeinflußt; u. U. kann der Empfang völlig in Frage gestellt sein. Die Feder wirkt als Drossel und läßt kaum Antennenenergie zum Kabel und zum Empfänger gelangen. Oft ermöglichen daher solche Antennen nur in Sendernähe einen brauchbaren UKW-Empfang.

Man muß bei solchen Federfußantennen unterscheiden, ob die einzelnen Windungen der Biegefeder in einem gewissen Abstand voneinander verlaufen (auseinandergezogene Schraubenfeder oder Tonnenfeder!) oder ob sich die einzelnen Windungen berühren (enggewickelte Schraubenfeder). Bei der ersten Art werden die beschriebenen Nachteile voll wirksam. Bei der zweiten Art können die bestehenden Kurzschlüsse zwischen den Federwindungen den Spuleneffekt zum größten Teil aufheben. Bei Verschmutzung und nach längerem Gebrauch können sich jedoch Krachstörungen (Kontaktstörungen) durch die Berührungspunkte der Federwindungen bemerkbar machen. Wenn Federfußantennen auch für UKW-Empfang ohne Einschränkungen verwendbar sein sollen, so muß die Biegefeder zweckmäßigerweise durch eine flexible Litze überbrückt sein, die bei dichtgewickelten Biegefedern im Innern untergebracht wird, damit sie unsichtbar bleibt und nicht störend wirkt. Der Empfang horizontal polarisierter Fernsehsender ist bei entsprechend hohen Feldstärken mit den üblichen Autoantennen ebenfalls möglich; spezielle Fernsehantennen für Autos bringen jedoch noch bessere Ergebnisse. Die günstigsten Längen für die Resonanzabstimmung von Autoantennen für UKW-Empfang liegen zwischen etwa 0,80 und 1,20 m. Eine Abstimmung ist bei Teleskopantennen durch Einschieben der oberen Teleskope möglich. Glasfiberstäbe können durch Abschneiden verkürzt werden. Dadurch verändert sich jedoch die Antennenabstimmung in den anderen Bereichen.

5.3.4. Richtwirkung von UKW- und Fernsehautoantennen

Im Auto ist im allgemeinen eine Rundempfangscharakteristik der Antennen erforderlich. Die Antennendiagramme weichen jedoch in der Praxis mehr oder weniger von der Rundempfangscharakteristik ab. Zum Ermitteln der Richtwirkung der Antennen werden von der Industrie spezielle reflexionsfreie Meßplätze benutzt, auf denen die Messungen mit hochwertigen Meßgeräten und -anlagen durchgeführt werden. In einer entsprechenden Entfernung steht ein Sender mit einer Sendeantenne, die die gewünschte Frequenz abstrahlt. Die zu untersuchende Antenne wird am jeweiligen Fahrzeug montiert. Das gesamte Fahrzeug, in dem sich die Meßempfänger befinden, wird gedreht. Die Antennenspannung wird in ein Polarkoordinatensystem eingetragen. So erhält man das Richtdiagramm der gemessenen Antenne am jeweiligen Fahrzeug.

Im Bild 5.24 sind die Richtcharakteristiken verschiedener UKW-Antennen an Kraftfahrzeugen dargestellt. Kurve 1 zeigt die Richtcharakteristik eines üblichen UKW-Ringdipols, wie er z. B. als Fensterantenne für Heimempfänger benutzt wird, in einer Höhe von etwa 0,5 m über dem Wagendach. Kurve 2 ist die Richtcharakteristik eines üblichen Winkeldipols, der ebenfalls etwa 0,5 m über dem Wagendach angebracht ist. Kurve 3 zeigt die Richtcharakteristik einer Autoantenne, die etwa nach Bild 5.22 montiert ist. Allen Kurven liegt eine Empfangsfrequenz von 88,5 MHz zugrunde.

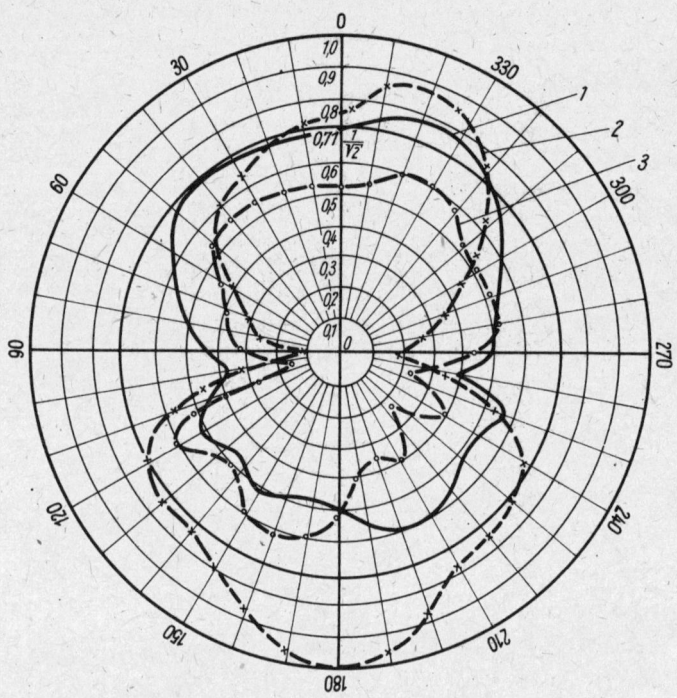

Bild 5.24. Richtdiagramme verschiedener Antennen an einem PKW
Einzelheiten im Text

Aus Bild 5.24 ist zu erkennen, daß der Empfang mit einer entsprechend angeordneten Autoantenne, z. B. mit dem mit einer UKW-Fensterantenne, vergleichbar ist. Der Empfang aus den verschiedenen Richtungen ist ausreichend gleichmäßig. Nach den Messungen schwanken die Spannungen aus verschiedenen Richtungen maximal etwa wie 1:6; geländebedingte Schwankungen treten im Verhältnis 1:1000 auf.

5.3.5. Spezielle Fernsehautoantennen

Spezielle Fernsehautoantennen haben – ähnlich wie die Hochantennen – im allgemeinen die Form eines Dipols. Sie sind jedoch für Rundempfang eingerichtet. Ihr Fußpunktwiderstand liegt bei 60 bis 75 Ω bzw. 240 bis 300 Ω. Deswegen kann man die bei Fernsehhochantennen üblichen Antennenkabel verwenden.

Bild 5.25 zeigt eine abnehmbare Autofernsehantenne (Auta F 30) für VHF- und UHF-Fernsehempfang (Hirschmann). Mit dieser Antenne ist in entsprechenden Empfangssituationen guter Empfang (vorzugsweise horizontal polarisierter Sender) möglich.

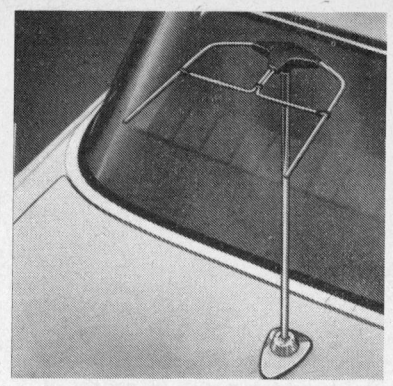

Bild 5.25. Autofernsehantenne für alle Kanäle in den Bereichen III, IV und V

Im Bild 6.19 auf S. 93 ist eine japanische Autofernsehantenne (erhältlich durch VEB Industrievertrieb) dargestellt, die an einem PKW Wolga montiert ist.

6.   Montage und Pflege der Autoantennen

6.1.   Wohin mit der Autoantenne?

Für die Wahl der Einbaustelle von Autoantennen gibt es verschiedene Gesichtspunkte. Am weitesten verbreitet ist die Montage auf der linken oder rechten vorderen Fahrzeugseite (Kotflügel) in der Nähe der Holme (günstiger UKW-Empfang!). Auf der linken Seite kann der Fahrer die Antenne (Teleskopantenne!)
leichter erreichen. Außerdem ist die Antenne beim Parken weiter vom Bürger-
steig entfernt (mutwillige Beschädigung!). Auch ist die Gefahr der Beschädigung
durch Bäume geringer, wenn die Antenne auf der linken Seite angebracht ist.
    Die Einbaustelle wird durch Überlegungen hinsichtlich der Zündstörungen
mitbestimmt. Um eine weitgehende Störbefreiung zu erreichen, kann man die
Antenne auf der Seite montieren, die der Zündanlage abgewandt ist. Der Einbau
der Antenne vor der Frontscheibe kommt wegen der damit verbundenen Sicht-
behinderung im allgemeinen nicht in Betracht.
Bild 6.1 zeigt die bevorzugten Montagestellen am PKW.

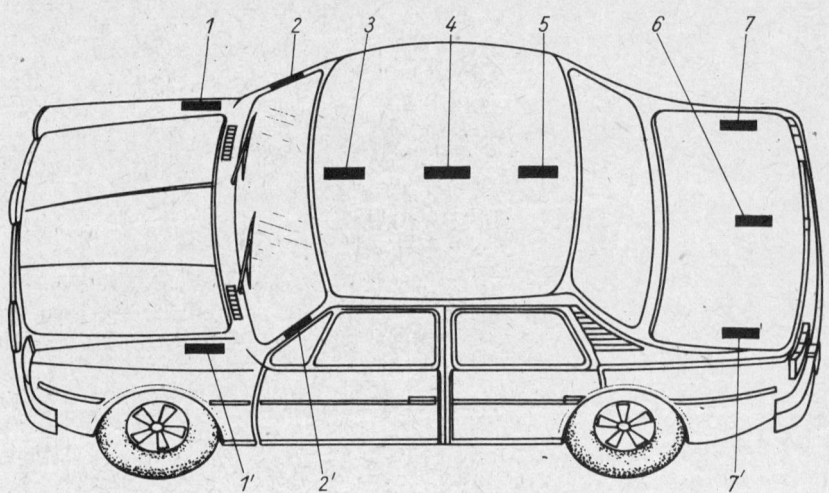

Bild 6.1. Bevorzugte Montageorte für Autoantennen am PKW

    Manchmal findet man die Antennen auch am Heck des Fahrzeugs. Für die
Verwendung von Heckantennen gibt es dekorative Gründe, über die hier nicht
diskutiert werden soll. Vielfach wird auch vermutet, daß Heckantennen den
Zündstörungen weniger ausgesetzt sind.
    Wenn man die Antenne an der Vorderseite eines Fahrzeugs montiert, benötigt
man ein Anschlußkabel von knapp 1 m Länge bis zum Empfängereingang. Der
Eingangstrimmer des Empfangsgeräts ist ohne weiteres abgleichbar. Montiert

man die Antenne am Heck des Fahrzeugs, so benötigt man eine Empfängerzuleitung von etwa 5 m Länge. Der Eingangstrimmer des Geräts kann nur dann abgeglichen werden, wenn ein Serienkondensator entsprechender Kapazität in die Antennenzuleitung eingeschaltet wird.

Bild 6.2 zeigt als Ergebnis einer Messung die von einer Heckantenne ohne Verstärker abgegebene Spannung beim Empfang von Mittelwellen in Prozent von der Spannung, die von einer Frontantenne abgegeben wurde. Die von der Frontantenne gelieferte Spannung wurde gleich 100 % gesetzt. Die Heckantenne hat bei diesen Untersuchungen zwischen 25 und 55 % der von der Frontantenne gelieferten Spannung abgegeben. Diesen Wert kann man auch aus der Gesamtkapazität und dem Verkürzungskondensator errechnen.

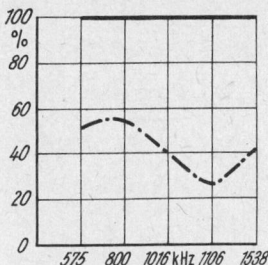

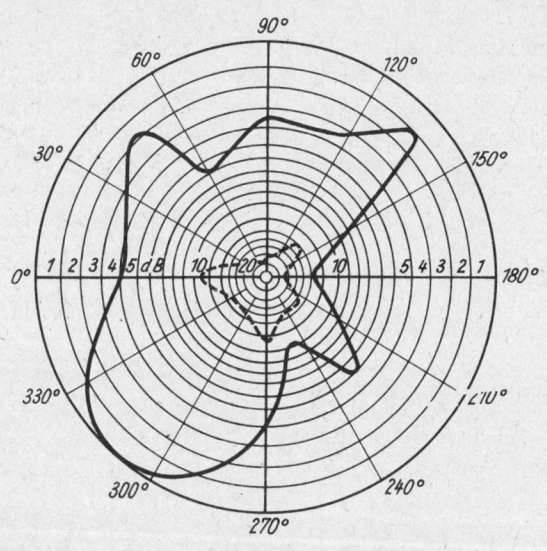

Bild 6.2. Von einer Heckantenne abgegebene Spannung im Vergleich zu der von einer Frontantenne gelieferten Spannung

Bild 6.3. Richtdiagramm einer Heckantenne (gestrichelte Linie) im Vergleich zum Richtdiagramm einer Frontantenne (ausgezogene Linie)

Die Verhältnisse beim UKW-Empfang sind nicht günstiger als die beim Mittelwellenempfang. Die Ergebnisse eines Vergleichs zwischen Front- und Heckantenne sind im Bild 6.3 zu sehen. Die ausgezogene Kurve ist das Richtdiagramm der Frontantenne, die gestrichelte das der Heckantenne. Auch in diesem Diagramm ist die von der Frontantenne aufgenommene Spannung gleich 100 % gesetzt worden. Aus der Kurve ist zu ersehen, daß beide Antennen – aus verschiedenen Richtungen angestrahlt – stark unterschiedliche Spannungen abgeben. Die Frontantenne gibt im Mittel die größere Spannung ab. Sie ist daher auch beim UKW-Empfang einer Heckantenne überlegen.

Alle Ausführungen gelten auch für Fernsehempfang, da hinsichtlich des Frequenzbereichs keine wesentlichen Unterschiede bestehen.

Es ist eindeutig erkennbar, daß die elektrischen Eigenschaften der Heckantennen in allen Wellenbereichen erheblich schlechter als die der Frontantennen sind. Heckantennen liefern in der Praxis durchweg ein schlechteres Empfangsergebnis als vergleichbare Antennen in anderen Montagearten. Die Spannungswerte allein sind jedoch kein eindeutiges Maß für die Leistungsfähigkeit von Autoantennen. Es kommt vor allem auf das Verhältnis der aufgenommenen Nutzspannung zu den vorhandenen Störspannungen an. Die Vermutung, daß sich bei vorn befindlichen Motoren und bei Verwendung von Heckantennen eine geringere Zündstörspannung ergibt als bei einer Frontantenne, konnte durch Versuche jedoch nicht bestätigt werden. Die Störspannungen an einer Heckantenne sind nur unwesentlich schwächer.

Die im Bild 6.4 angegebenen Kurven geben die tatsächlichen Verhältnisse bei etwa gleichem Nutzspannungs-Störspannungs-Verhältnis wieder. Die Anwendung einer Heckantenne ist daher fragwürdig. Der Einbau von Heckantennen wird im allgemeinen nicht befürwortet.

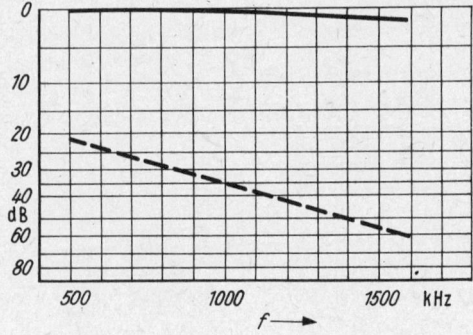

Bild 6.4. Nutzspannungs-Störspannungs-Verhältnis einer Heckantenne im Vergleich zu einer Frontantenne

Für den Betrieb eines Geräts ist auch nur die Montage einer einzigen Antenne zu empfehlen. Zwei parallelgeschaltete Antennen (besonders beim Heckeinbau gelegentlich zu beobachten) sind für ein Gerät unzweckmäßig. Im Lang-, Mittel- und Kurzwellenbereich führt die durch die Parallelschaltung bedingte Kapazitätserhöhung zu schlechtem Empfang, da der Abgleichbereich des Antennentrimmers im Gerät für diese Fälle meist nicht ausreicht. Im UKW-Bereich können, bedingt durch den Abstand der Antennen, Nullstellen und starke Empfangseinbrüche im Richtdiagramm auftreten. Die Montage von zwei Antennen ist daher nur zu vertreten, wenn diese für zwei verschiedene Zwecke eingesetzt werden (z. B. Rundfunkempfang und UKW-Verkehrsfunk). Die oft genannten dekorativen Gründe sind aus der Sicht der elektrischen Eigenschaften der Antennen äußerst fragwürdig.

Die vorstehenden Angaben gelten für passive Antennen. Aktive (elektronische) Antennen weisen an den bezeichneten Montageorten meist nicht solche gravierenden Unterschiede auf, abgesehen von ihren sonstigen grundsätzlichen Unterschieden zu passiven (langen) Stabantennen.

6.2. Montagehinweise

Vor der Montage der Autoantennen sind die Einbauanleitungen und sonstigen Hinweise der Hersteller sorgfältig zu studieren. Den Einbauanleitungen sind häufig Bohrschablonen oder Einbaumaßangaben für den Einbau der Antennen in verschiedene Fahrzeuge beigefügt. Diese Unterlagen sind vor Beginn der Einbauarbeiten unbedingt zu überprüfen, da sich in der Zwischenzeit von außen nicht sichtbare Veränderungen an den Fahrzeugen ergeben haben können. Das gilt auch für die im Anhang (Lasche des Buches an der Rückseite) beigefügten Bohrschablonen. Der Monteur kommt in eine peinliche Lage, wenn ein Loch falsch gebohrt ist. In solchem Fall kann nur noch empfohlen werden, mit einem geeigneten Metall- oder Kunststoffkleber, je nach Material der Karosserie, eine Unterlage unter das Loch zu kleben und das Loch mit einem kaltaushärtenden Kunstharzkleber auszufüllen. Nach dem Aushärten muß die Oberfläche geschliffen und in üblicher Weise lackiert werden.

Die Antenne ist entsprechend den persönlichen Wünschen und nach den im Abschnitt 5. gegebenen Hinweisen auszuwählen. Es ist auch darauf zu achten, daß der Stecker für den Empfängeranschluß geeignet ist.

Besonders beliebt sind Antennen, die von außerhalb der Karosserie montiert werden können. Man unterscheidet im wesentlichen zwei Möglichkeiten für Versenk- und Aufbauantennen:

a) Nach dem Bohren des Montageloches wird die Antenne mit dem Kabel von oben in die Karosserie eingeführt. Danach wird eine Wippe über den Stab und durch das Montageloch geschoben, die Antenne am Stab hochgezogen und der Kopf unter Verwendung geeigneter Zusatzteile verschraubt (Bild 6.5).

b) Nach dem Durchstecken der Antenne mit Kabel durch das Montageloch wird eine geschlitzte Scheibe als Gegenlage entsprechend Bild 6.6 eingeführt. Die Fertigmontage erfolgt wie unter a) beschrieben.

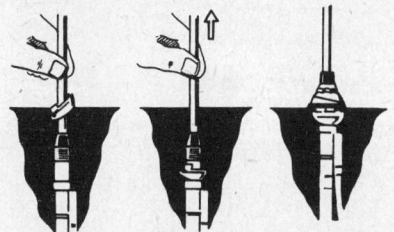

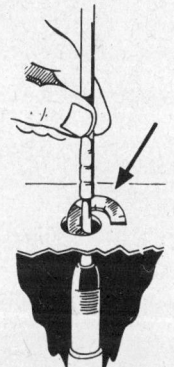

Bild 6.5. Montage einer von oberhalb der Karosserie einbaubaren Antenne mit Wippe

Bild 6.6. Montage einer von oben einbaubaren Antenne mit geschlitzter Scheibe

Vor Beginn des Antenneneinbaus klebt man am besten ein Stück Papier mit wasserlöslichem Kleber an die Einbaustelle auf die Karosserie. Nun überträgt man die Maßangaben der Bohrungen von der Bohrschablone auf das auf die Karosserie aufgeklebte Papier. Bild 6.7 zeigt das Anbringen einer Antenne. Nach dem Fertigstellen der Bohrung kann die Bohrschablone einfach unter Verwendung von Wasser abgelöst werden.

Die erforderlichen Montagebohrungen lassen sich mit geeignetem Werkzeug sehr einfach und schnell herstellen, ohne daß ein Rattern wie bei Spiralbohrern auftritt und die Löcher unrund werden. Gut geeignet sind dazu z. B. konische Schälaufreibebohrer. Auch ovale Löcher können durch Verkanten des Bohrers angefertigt werden. Die Schälaufreibebohrer gibt es in verschiedenen Größen.

Stehen solche Werkzeuge nicht zur Verfügung, kann nur auf übliche Bohrer zurückgegriffen werden, gegebenenfalls ist ein Ausfeilen der Löcher erforderlich. Es sei auch auf die Fräserfeilen des Chirana-Werkes, ČSSR, hingewiesen.

Die Einbaubohrung ist an der Karosserieunterseite gut blank zu machen, um einen einwandfreien Massekontakt der Antenne zu erreichen. Deswegen sollte man den beim Bohren entstandenen Grat stehenlassen, da sich dadurch der Kontakt beim Anziehen der Antenne verbessert. Die blanken Stellen sind mit

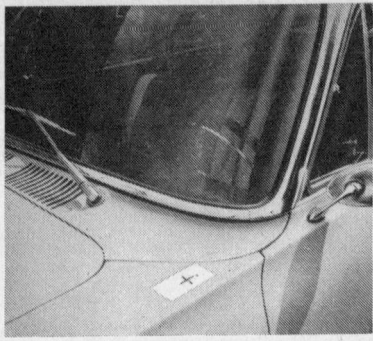

a) Anzeichnen der Montagebohrung

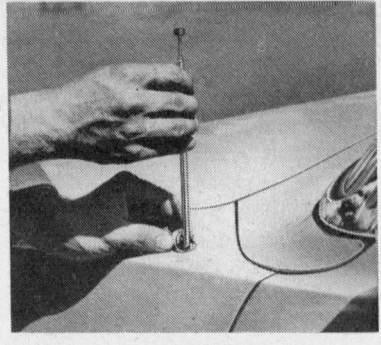

d) Einführen der Gegenlage

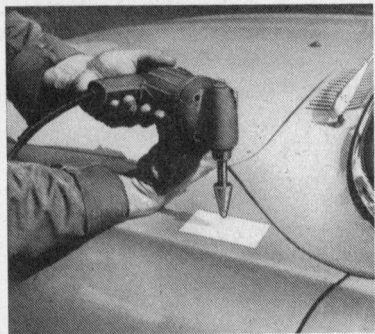

b) Bohren des Montageloches

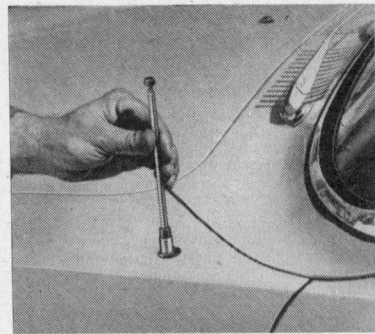

e) Hochziehen der Antenne
bis zum Anliegen der Gegenlage

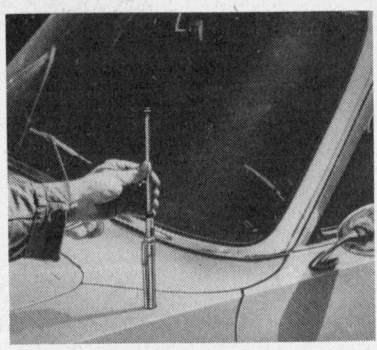

c) Einführen der von oben montierbaren
Versenkantenne in die Montagebohrung

f) von oben fertig montierte
Versenkantenne

Bild 6.7. Montage einer Antenne

Graphitfett o. ä. zu bestreichen, um sie vor Korrosion zu schützen. Der Massekontakt der Autoantennen ist für die Unterdrückung von Zündstörungen usw.
sehr entscheidend. Es ist jedoch nicht Sinn dieses Massekontakts, die masseseitige
tige Stromversorgung des Empfängers über das Antennenkabel vorzunehmen.
Am Empfänger muß ebenfalls ein guter Massekontakt vorhanden sein.

Verchromte Antennenteile sind sorgfältig zu behandeln. Mit ungeeigneten Werkzeugen wird die Oberfläche oft zerkratzt. Auf richtige Kabeleinführung in das Innere der Karosserie ist besonders zu achten. Scharfe Knicke sind unter allen Umständen zu vermeiden.

Bei Motorautomatikantennen ist unbedingt auf die richtige Betriebsspannung zu achten. (Eine Umstellung kann vom Besitzer selbst meist nicht vorgenommen werden.) Bei der Betätigung nehmen Automatikantennen einen relativ hohen Strom auf. Darum müssen ausreichend große Querschnitte verlegt werden, und auf entsprechende Absicherung ist zu achten. Das zur Antenne gehörende Stromversorgungskabel sollte zur Vermeidung von sonstigen Spannungsabfällen möglichst direkt an die Batterie angeschlossen werden. Dadurch wird ein exaktes Aus- und Einfahren gewährleistet. Ist der Spannungsabfall zu groß oder die Batterie nicht genügend geladen, so besteht die Gefahr, daß der Endabschalter nicht betätigt und von der Automatikantenne ständig Strom aufgenommen wird. Damit ist eine völlige Entleerung der Batterie verbunden. Es empfiehlt sich daher, die Batterie aufmerksam zu kontrollieren. Auf gute Kontakte, besonders auch gute Masseanschlußverbindungen ist unbedingt zu achten. Der Masseanschluß an beliebigen Karosserieteilen ist besonders bei älteren Fahrzeugen nicht immer kontaktsicher genug, so daß dadurch unerwünschte Spannungsabfälle auftreten können.

Beim Heckeinbau ist eine zusätzliche Stromversorgungsleitung erforderlich. Die Verlängerungsleitungen sollten bei 6 V einen Mindestquerschnitt von 6 mm² und bei 12 V einen von 2,5 mm² haben. Für die Steuerleitung genügt wegen des vergleichsweise niedrigen Steuerstroms ein Querschnitt von 1,5 mm².

Auf gute und sichere Verlegung der Stromversorgungsleitungen von Automatikantennen ist besonders zu achten. Die Befestigung muß reib- und scheuersicher sein (Kurzschlußgefahr!).

6.2.1. Montagebauteile für Antennen

Für die verschiedenen Montagemöglichkeiten werden von der Industrie zahlreiche Zusatzbauteile angeboten. Zur Befestigung von Versenkantennen am Schutzrohr sind verschiedenartig gebogene Befestigungswinkel erforderlich. Bild 6.8 zeigt zwei Varianten. Die längere Befestigungsschelle kann zusätzlich entsprechend gebogen werden.

Bild 6.8. Befestigungsschellen zur zusätzlichen Befestigung des Schutzrohres von Versenkantennen

Für die Durchführung von Antennenkabeln durch Karosseriewände benötigt man Kabeldurchführungen, damit eine Beschädigung vermieden und eine gute Abdichtung erreicht wird.

Bild 6.9 zeigt als Beispiel eine solche Kabeltülle, die aus einem Plastwerkstoff besteht und in ihrer Länge aufgeschlitzt ist, damit sie einfach auf das Kabel aufgebracht werden kann. Danach kann die Tülle in das Durchführungsloch eingedrückt werden.

Es gibt zwei Sorten von Kabelverlängerungen in verschiedener Länge: relativ kurze Kabel ohne Verkürzungskondensator und relativ lange Kabel mit Verkürzungskondensator im Stecker. Das Antennenkabel hat meist einen geraden Stecker. Bei manchen Geräten und in verschiedenen Wagentypen ist die Antennenbuchse jedoch nur mit einem Winkelstecker erreichbar. In solchen Fällen verwendet man Winkelkupplungen (Bild 6.10).

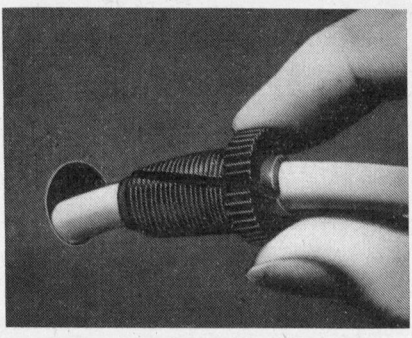

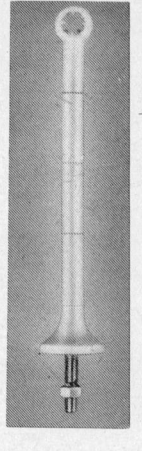

a) relativ kleine Ausführung für PKW

Bild 6.9. Kabelabdichttülle auf einem Antennenkabel

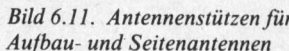

b) in ihrer Länge veränderliche Ausführung, besonders für LKW

Bild 6.11. Antennenstützen für Aufbau- und Seitenantennen

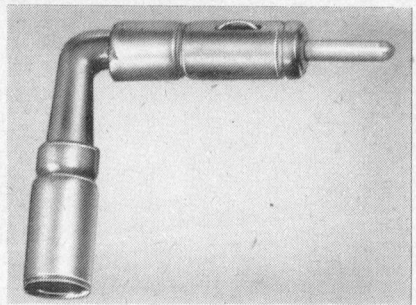

Bild 6.10. Winkelstecker mit Kupplung zur Verwendung an Empfängern, deren Antennenbuchsen durch gerade Stecker nicht erreichbar sind

Zur Abstützung von relativ langen Aufbau- und Seitenantennen sind zusätzliche Antennenstützen erforderlich. Bild 6.11 zeigt zwei Ausführungsvarianten. Die Variante a) wird vorzugsweise für PKWs und die Variante b) für LKWs und Busse verwendet. Durch Herausnehmen von maximal drei Zwischenstücken kann die Stütze verkürzt werden; der Gewindebolzen kann ebenfalls gekürzt werden.

Es gibt noch viele andere Bauteile, z. B. Kabelkupplungen, Abdeckschrauben und Abdeckplatten für Antennenlöcher (nach Ausbau der Antenne).

6.2.2. Kotflügelmontage (vorn)

Diese Montageart ist weit verbreitet und bis auf wenige Ausnahmen bei fast allen Fahrzeugen möglich. Zur Kotflügelmontage eignen sich gleichermaßen Versenk- und Aufbauantennen. Eine Montage von unterhalb oder ausschließlich von oberhalb der Karosserie ist möglich.

Das Schutzrohr von Versenkantennen sollte unter allen Umständen unterhalb der Karosserie zusätzlich befestigt werden, da sonst bei einem Anstoß an die Antenne die Gefahr des Ausbeulens oder gar Einreißens des Karosserieblechs besteht.

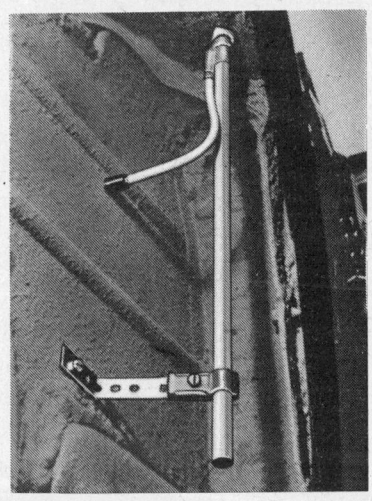

Bild 6.12. Zusätzliche Befestigung des Schutzrohres einer Versenkantenne unterhalb der Karosserie

Bild 6.12 zeigt den Einbau einer von oben montierbaren Versenkantenne in den linken vorderen Kotflügel eines PKW.

Bei der Auswahl der Antenne ist auf die zur Verfügung stehende Einbautiefe zu achten; oft müssen, besonders bei schräger Montage (UKW), recht kleine Einbautiefen gefordert werden, die nur mit fünf- oder mehrteiligen Teleskopen realisiert werden können (Radauslenkung evtl. beachten!).

6.2.3. Dachmontage

Gelegentlich werden Aufbau- oder Seitenantennen auch in der (vorderen) Dachmitte montiert. Diese Montageart ist nur bei kurzen Antennenstäben zu empfehlen, da eine weitere Abstützung so montierter Antennen nicht möglich ist. Sie ist aus mechanischer Sicht recht ungünstig. Im Dach muß ein Loch angebracht werden. Es ist auch schwierig, von unterhalb des Daches an die Montagestelle heranzukommen; dies gilt besonders für die Kabelverlegung. Außerdem ist ein relativ langes Kabel erforderlich.

Wird trotzdem die Dachmontage angewendet, dann sollte eine Schräge der Antenne von etwa 45° gewählt werden. Bild 6.13 zeigt eine auf dem Dach montierte Antenne mit Federfuß. Gelegentlich wird diese Montageart auch von Fahrzeugherstellern angewendet, z. B. beim PKW Wolga. Für UKW-Empfang

ist diese Montageart allerdings empfangsmäßig sehr günstig. In der Dachmitte werden auch relativ kurze Antennen für die Funkdienste der Polizei usw. montiert.

Bild 6.13. Auf dem Dach montierte Federfußantenne (Top-Antenne)

6.2.4. Seitenmontage

Im Prinzip werden bei der Seitenmontage Aufbauantennen in entsprechender Typenabwandlung für senkrechte Montageflächen (Seitenflächen) verwendet. Seitenantennen befinden sich meist in verhältnismäßig tiefer Lage; der den Karosserieaufbau überragende Teil ist relativ kurz. Bei UKW-Empfang muß die Antenne länger als bei sonstigen Ausführungen sein. Seitenantennen werden meist dort angewendet, wo die Montage von Aufbauantennen an horizontalen Befestigungsstellen nicht möglich ist, z. B. wenn die Motorhaube über die ge-

Bild 6.14. Seitenantenne am Wartburg 353

Bild 6.15. Seitenantenne am Wartburg 353, die nicht den Sicherheitsbedingungen entspricht

90

samte Wagenbreite reicht. Bild 6.14 zeigt eine Seitenantenne am linken vorderen Holm des Wartburg 353. (Die Antenne ist zusätzlich abgestützt und befindet sich in eingeschobenem Zustand.)

Eine Seitenmontage ist an fast allen Fahrzeugen möglich. Die Verkehrssicherheit darf jedoch nicht durch Antennen, die über die äußeren Begrenzungskanten des Fahrzeugs hinausragen, gefährdet werden (Bild 6.15).

6.2.5. Heckmontage

Die Nachteile der Heckmontage sind seitens der Fachwelt unbestritten. Daher ist sie wenig verbreitet. Trotzdem wird diese Montagemöglichkeit besonders bei sportlichen Fahrzeugen angewendet, denen ihre Besitzer eine „besondere Note" geben wollen.

Für die Heckmontage können Versenk- und Aufbauantennen verwendet werden. Im Prinzip handelt es sich um die gleiche Einbausituation wie bei der Kotflügelmontage vorn, so daß die dort gegebenen Hinweise auch hier gelten.

Bild 6.16. Aufbauantenne als Heckantenne auf der Mitte der Kofferraumklappe

Bild 6.16 zeigt eine Antenne in der Mitte der Kofferraumklappe. In solch einem Fall ist nur eine Aufbauantenne zu empfehlen, da der verfügbare Kofferraum durch eine Versenkantenne sehr stark beeinträchtigt wird. Berechtigung hat die Heckmontage nur dann, wenn sich die Geräte im Heck des Fahrzeugs befinden, oder bei Verwendung einer speziellen Autofernsehantenne.

Elektronische Autoantennen können vorteilhaft in Heckmontage betrieben werden, weil die integrierten Verstärker die Verluste ausgleichen.

6.2.6. Motorhaubenmontage

Es gibt Fahrzeugtypen, bei denen nur Aufbau- oder Seitenantennen angebracht werden können. Es besteht jedoch oft der Wunsch, auch eine Versenk- oder Automatikantenne zu verwenden, um deren Vorteile nutzen zu können. Da sich die Motorhaube bei diesen Fahrzeugen über die gesamte Fahrzeugbreite erstreckt, ergeben sich besondere Schwierigkeiten, und es mußten neue Montagemöglichkeiten gefunden werden. Bild 6.17 zeigt eine Versenkantenne in einem Kraftfahrzeug.

Die verwendeten Teleskopantennen dürfen nur eine geringe Einbautiefe haben, da sie in den Motorraum hineinragen. Beim Öffnen der Motorhaube muß das Teleskop der im Bild 6.17 rechts befindlichen Antenne eingeschoben sein.

Bild 6.17. Motorhaubenantenne links vorn an der Motorhaube eines Wartburg 353

Beim Einbau einer Automatikantenne ist es möglich, den Verriegelungshebel der Motorhaube mit einem Schalter zu koppeln, der mit Sicherheit für das Einfahren des Teleskopstabes sorgt, wenn die Motorhaube geöffnet wird (Bild 6.18). Ein solcher Schalter ist auch beim Einbau normaler Versenkantennen in Verbindung mit einer Warnlampe zweckmäßig.

Bild 6.18. Kombination des Hebels zum Öffnen der Motorhaubenklappe mit dem Sicherheitsschalter zum Einführen einer Automatikantenne (Vermeidung von Beschädigung der Automatikantenne beim Öffnen der Motorhaube)

6.2.7. Sonstige Montagemöglichkeiten

Außer den beschriebenen gibt es noch weitere Montagemöglichkeiten, auf die hier nicht näher eingegangen werden soll. Es sei nur auf die Dachrinnenbefestigung am PKW (Bild 6.19) hingewiesen. Die Montage an Campinganhängern (Bild 6.20) und die Montage von Fensterantennen (Bild 6.21) seien noch erwähnt.

Bild 6.19. Autofernsehantenne für Dachrinnenmontage

Bild 6.20. Montage einer Seitenantenne an einem Campinganhänger

Bild 6.21. Montage einer Fenster-Seitenantenne

6.3.   Pflege der Antennen

Auch Antennen müssen gepflegt werden. Teleskopantennen (sowohl Messing- als auch Edelstahlausführungen) sind von Zeit zu Zeit zu reinigen und leicht zu fetten. Besonders bei Automatikantennen darf dies im Interesse einer langen Lebensdauer nicht vergessen werden. Die Teleskopantennen sind zwar ab Werk schon gefettet und haben auch noch einige Zeit beim Einschieben und Ausziehen selbstfettende Eigenschaften, da sich zwischen den Teleskopen Fett befindet. Beim Zusammenschieben und Ausziehen gelangen jedoch Staub und Straßenschmutz zwischen die Teleskope, und es entsteht eine Schmirgelwirkung, die zur Beschädigung der Staboberflächen und der Federn in den Teleskopen führt. Daher muß der Schmutz vor dem Zusammenschieben immer entfernt werden.

Im Winter gewährleistet leichtes Einfetten eine gute Funktion. Eine evtl. vorhandene Eisschicht auf den Teleskopen blättert dann beim Betätigen der Antenne ab. Zur Antennenpflege ist jedes gute, säurefreie (Korrosionsschutz-) Fett geeignet. Besonders gut sind Silikonfette oder Silikonöle (z. B. Öle für Türschlösser) geeignet. Fett und Öl trägt man am besten mit einem Lappen auf. Da man ihn öfter benutzten kann, vergeudet man kein teures Silikonfett oder -öl.

Bei Messingteleskopantennen bildet sich aus eingetrocknetem Fett und Straßenstaub eine rötliche Schicht (oder Flecken) auf der Oberfläche, die wie Rost aussieht und ziemlich fest haftet. Diese Schicht läßt sich mit einem fettigen Lappen abwischen oder in schwierigen Fällen mit Chromputzmitteln beseitigen.

An Edelstahlteleskopen bildet sich in üblichen Klimaten kein Rost. Sie werden jedoch durch Schmutzeinwirkung relativ schnell unbeweglich. Darum müssen sie zumindest im Abstand von einigen Wochen gereinigt werden. Die Pflege von Glasfiberstabantennen beschränkt sich im wesentlichen auf das Entfernen der Schmutzschicht.

6.4.   Autoantennen im Gewitter

Von den Fahrzeugbesitzern wird oft die Frage nach der Blitzgefahr im Kraftfahrzeug gestellt. Häufig wird der Standpunkt vertreten, daß ein spitzer Stab, der die Karosserie überragt, den Blitz „anziehen" müsse. Auch ein Blitzeinschlag in eine Fahrzeugkarosserie müsse zu erheblichen Schäden führen und eine besondere Gefahr für die Insassen darstellen.

Tatsächlich besteht diese Gefahr nicht, da eine geschlossene Metallkarosserie einen sog. Faradayschen Käfig darstellt, in dessen Innerm keine nennenswerte elektrische Feldstärke auftreten kann und demzufolge keine Personengefährdung besteht. Deshalb ist ja mit gerätegebundenen Antennen im Innern der Karosserie kaum ein Rundfunkempfang möglich. Um diese Überlegungen zu erhärten, wurde in einem Hochspannungsprüffeld der im Bild 6.22 gezeigte Versuch durchgeführt. Die beiden Personen im Fahrzeug waren sicher, als ein Blitzschlag von einigen Millionen Volt Spannung ihr Auto traf. Dieser Versuch ist unter den Bedingungen durchgeführt worden, die bei einem Blitzschlag in der Natur vorhanden sind. Die Hochspannung wird von der Karosserie zur Erde abgeleitet.

Auch ein Blitzeinschlag in die Autoantenne kann die Insassen des Wagens nicht gefährden, sondern höchstens den Autosuper. Tatsächlich scheint das jedoch kaum vorzukommen. Jedenfalls wurde von Kundendienstabteilungen der

Autosuperhersteller bestätigt, daß noch nie ein durch Blitz beschädigter Autoempfänger zur Reparatur gegeben worden sei.

Eine Gefährdung durch Blitzeinschlag ist im Kraftfahrzeug mit Metallkarosserie nur durch sekundäre Auswirkungen möglich (Splitterwirkung bei Einschlägen in Bäume usw.).

Bild 6.22. PKW im Hochspannungsprüffeld zum Test der Auswirkung eines Blitzeinschlages

Offene Fahrzeuge oder Kabriolette mit Tuchverdeck haben natürlich nicht die Schutzwirkung einer metallisch geschlossenen Karosserie. Ein Schiebedach aus Isolierstoff enthält jedoch meist so viel Metallstreben, daß es für den Blitz dicht ist. Kunststoffkarossérien ohne Metallteile bieten kaum eine Schutzwirkung bei Gewitter.

7.   Funkentstörung des Autos

7.1.   Entstehung von Funkstörungen im Auto

Ein Rundfunkempfänger ist im Auto ohne Schwierigkeiten zu betreiben, solange der Motor nicht in Betrieb ist und alle elektrischen Verbraucher ausgeschaltet sind. Sobald jedoch der Motor läuft, entstehen Zündstörungen (außer bei Dieselmotoren). Die Stromerzeugungsanlage und verschiedene Verbraucher verursachen ebenfalls erhebliche Störungen, die allgemein als Funkstörungen bezeichnet werden. Knatter-, Heul- und Pfeifgeräusche im Empfänger sind die Folge. Selbst mit einem hochleistungsfähigen Autosuper ist in solchen Fällen oft nur noch der Ortssender zu empfangen.

Die meisten Störungen werden durch Funkenbildung an Kontakten und sonstigen bewegten Stromübergangsstellen verursacht. Wenn beim Öffnen eines Kontakts ein Funke entsteht, wird auch ein Störimpuls mit einem sehr breitbandigen Hochfrequenzstörspektrum erzeugt. Diese Störung wird von der Störquelle in alle Richtungen abgestrahlt. Sie breitet sich aber auch über die Anschlußleitungen der Störquelle aus (Bild 7.1). Auch die Leitungen können die Störungen durch Antennenwirkung abstrahlen. Selbst benachbarte Metallteile, die nicht in direkter Berührung mit den Leitungen stehen, können die Störabstrahlung fördern (Sekundärstrahler).

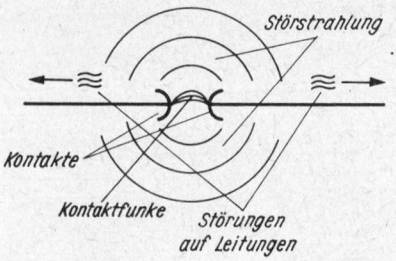

Bild 7.1. *Entstehung und Ausbreitung von Hochfrequenzstörungen bei Funkenbildung an Kontakten*

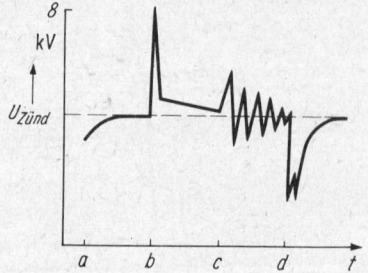

Bild 7.2. *Darstellung des Verlaufs eines Zündspannungsimpulses nach einem Oszillogramm*

Der Zündimpuls einer Hochspannungszündanlage im Kraftfahrzeug ist eine der Hauptstörquellen. Im Bild 7.2 sind die sich während einer Zündung abspielenden Vorgänge zu sehen. Der Unterbrecherkontakt möge zum Zeitpunkt a schließen. Danach steigt der Strom in der Zündspule bis auf einen stationären Wert an. Im Punkt b öffnet der Unterbrecher den Primärzündstromkreis, und das magnetische Feld der Zündspule bricht zusammen. Im Sekundärkreis entsteht die Zündspannung, die so hohe Werte erreicht, daß ein Überschlag an den Kerzenelektroden auftritt. Die für den Überschlag erforderliche Spannung hängt vom Elektrodenabstand und vom Gasdruck im Zylinder ab; sie beträgt im allgemeinen etwa 8 bis 10 kV. Nun setzt über die Elektroden der Zündkerze eine Bogenentladung ein, bei der die Spannung auf die relativ geringe Bogenspannung absinkt. Die Entladung hält so lange an, bis die in der Zündspule gespeicherte Energie verbraucht ist (Punkt c). Die Zeitdauer der Bogenentladung wird vom Elektrodenabstand der Zündkerzen beeinflußt. Nach dem Abklingen der Bogenentladung treten noch Ausschwingvorgänge im Zündstromkreis auf, die bis zum nächsten Schließen des Unterbrecherkontakts andauern können (Punkt d). Man erkennt aus der vorstehenden Beschreibung, welche Störwirkung die Zündimpulse haben.

Wenn auf der Sekundärseite (Hochspannungsseite) ein Zündverteiler vorhanden ist, treten auch an dessen Kontaktstellen Funkstörungen auf.

Eine weitere Hauptstörquelle ist die Stromerzeugungsanlage des Kraftfahrzeugs. Die Störungen gehen von den Kontakten des Reglers und dem Kollektor der Gleichstromlichtmaschine (Gleichstromgenerator) aus. Bei Drehstrom- (Wechselstrom-) Lichtmaschinen (Generatoren) entstehen hauptsächlich durch die Gleichrichterdioden infolge Oberwellenerzeugung (Stromimpulse) Störungen (Heulen, Pfeifen). Bei elektromechanischen Reglern für Drehstromlichtmaschinen (DLM) entstehen die Hauptstörungen infolge Kontaktfunken. Weitere Störquellen sind die Motoren von Scheibenwischer, Gebläse usw.

Je nach Empfindlichkeit der Empfangsgeräte und örtlichen Gegebenheiten machen sich die Funkstörungen in allen Wellenbereichen bemerkbar. Im UHF-Bereich ist die Intensität der Störungen jedoch wesentlich geringer, weil so hohe Frequenzen im Störspektrum nur mit sehr kleiner Amplitude enthalten sind.

7.2.   Wie werden die Funkstörungen beseitigt?

Die Auswirkungen der Störungen nehmen mit wachsendem Abstand von der Störquelle sehr schnell ab. Darum muß man zwei Fälle für die Entstörung eines Kraftfahrzeugs unterscheiden:
a) Im Fahrzeug befinden sich keine Empfangseinrichtungen. Es stört daher nur die Empfänger in anderen vorbeifahrenden Kraftfahrzeugen und vorwiegend den UKW-Hörrundfunk- und Fernsehempfang in umliegenden Häusern. Diese Störungen bezeichnet man als Fernstörungen.
b) Das Fahrzeug stört auch den Empfang mit der eigenen Empfangsanlage. Da die Störquellen und der Empfänger dicht benachbart sind, ist die Störfeldstärke sehr groß. Diese Störungen bezeichnet man als Nahstörungen oder Eigenstörungen.
Entsprechend den beiden vorstehend dargelegten Fällen unterscheidet man bei der Kraftfahrzeugentstörung zwischen Fernentstörung und Nahentstörung.

7.2.1.   Fernentstörung

In fast allen Ländern gibt es gesetzliche Vorschriften, nach denen alle Kraftfahrzeuge fernentstört sein müssen, um eine Belästigung anderer weitgehend zu vermeiden. Nach der Straßenverkehrs-Zulassungs-Ordnung darf in vorgegebener Entfernung vom Kraftfahrzeug eine maximale Störfeldstärke nicht überschritten werden, um einen ungestörten (UKW-) Rundfunk- und Fernsehempfang in der näheren Umgebung des Kraftfahrzeuges zu gewährleisten.

Die Fernentstörung eines Kraftfahrzeugs umfaßt in der Praxis nur die besonders stark störende Hochspannungsseite der Zündanlage. Die üblichen Bauteile für eine Fernentstörung sind ungeschirmte oder teilabgeschirmte Zündkerzenentstörstecker und evtl. Verteilerentstörstecker sowie Entstörmuffen in den Zündleitungen. Diese Entstörbauteile gehören zur Standardausrüstung aller neuen Kraftfahrzeuge.

7.2.2. Nahentstörung

Die Fernentstörung eines Fahrzeugs reicht nur zum Empfang von sehr starken Sendern mit der fahrzeugeigenen Empfangsanlage aus. Der Aufwand für die Nahentstörung ist wesentlich höher als der für die Fernentstörung. Er hängt von der Art und dem Zustand des Fahrzeugs, der Empfindlichkeit des Empfängers und den zu entstörenden Wellenbereichen ab. Eine für den Fernsehempfang im Kraftfahrzeug ausreichende Entstörung kann sehr aufwendig sein.

Ist ein Fahrzeug nahentstört, so ist es in jedem Fall auch sehr gut fernentstört.

7.2.3. Maßnahmen zur Entstörung

Die Gesamtheit aller Entstörmaßnahmen bezieht sich auf die im folgenden aufgeführten fünf Hauptkomplexe:

– Abschirmung
von der Teilabschirmung bis zur Vollschirmung für professionelle Aufgaben für alle Ansprüche

– Absorption
Verhinderung der Störabstrahlung durch Störenergievernichtung in Widerständen (nur im Zündsystem)

– Ableitung und/oder Sperrung
Verhinderung der Ausbreitung von Störenergie über Leitungen

– Beeinflussung von Masseströmen
günstige Entkopplung von Nutz- und Störenergie, z. B. durch Massebänder und/oder -kontakte sowie Verbesserung der Schirmwirkungen

– ASU (Automatische Störunterdrückung)
wirkungsvolle Maßnahme moderner Gerätetechnik, die den Entstöraufwand auf einen geringen Umfang absenkt bzw. eine brauchbare Entstörung überhaupt erst bei vertretbarem Aufwand ermöglicht (UKW-Bereich), s. dazu auch Abschn. 3.2.

Bei der Entstörung einer Störquelle kommt es zunächst darauf an, die direkte Abstrahlung hochfrequenter Störungen zu verhindern. Deswegen muß man die Störquelle möglichst gut metallisch abschirmen. Diese Abschirmung ist elektrisch gut leitend mit dem Null- oder Massepotential des Fahrzeugs (im allgemeinen immer mit dem Motorblock) zu verbinden. Man muß aber auch die Ausbreitung der Störungen über die Anschlußleitungen verhindern. Geeignete Mittel auf der Niederspannungsseite sind das Abblocken der Leitungen und die Verdrosselung. Man verwendet auch Filteranordnungen. Auf der Hochspannungsseite wendet man Widerstandsanordnungen zur Absorption der Störenergie an.

Die Entstörung der Hochspannungsseite der Zündanlage mit Widerstandsbauelementen bis zu etwa 20 kΩ Gesamtwiderstand im Zündkreis führt zu keinen Nachteilen für die Funktion. Durch die Widerstände wird lediglich die hochfrequente Störenergie absorbiert und unschädlich gemacht.

Besorgte Fahrzeugbesitzer brauchen keine Verschlechterung des Motorverhaltens durch die Entstörwiderstände zu befürchten. Eine Entfernung von Entstörwiderständen verbessert das Arbeiten der Zündanlage überhaupt nicht. Lediglich die Störungen nehmen so stark zu, daß ein Rundfunkempfang fast unmöglich wird und die gesetzlichen Bestimmungen nicht mehr eingehalten werden.

Die Entstörmittel müssen *unmittelbar* an der Störquelle angebracht werden. Sie müssen gegen Spritzwasser und Verschmutzung geschützt sein.

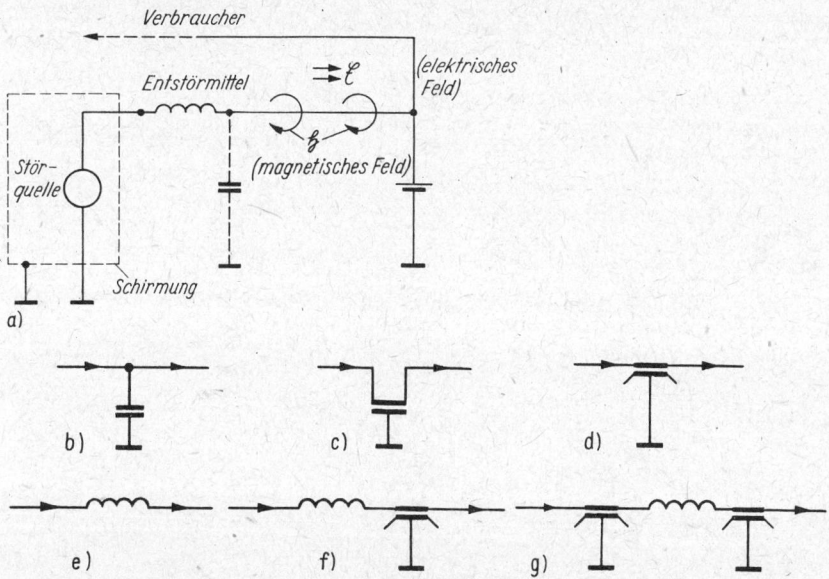

Bild 7.3. Elektrische Schaltung von Entstörbauteilen

a) Abstrahlung von Störenergie auf benachbarte Leitungen bzw. Fortleitung von Störenergie
b) Parallelkondensator
c) Vorbeiführungskondensator
d) Durchführungskondensator
e) Induktivität (Drosselspule)
f) einfache Filterschaltung aus Drosselspule und Durchführungskondensator
g) hochwirksame Filterschaltung aus zwei Durchführungskondensatoren und einer Drosselspule

Bei der Unterdrückung von Störfrequenzen auf Leitungen muß man darauf achten, daß der Versorgungsgleichstrom ungehindert fließen kann. Wie Bild 7.3 zeigt, kann man die Störfrequenzen über einen Kondensator direkt nach Masse ableiten. Der Versorgungsgleichstrom kann den Kondensator nicht passieren, so daß kein Kurzschluß entsteht. Der einfachste Fall ist im Bild 7.3b dargestellt. Diese Lösung eignet sich jedoch nur für relativ niedrige Frequenzen (LW, MW). Besser ist die Verwendung eines Vorbeiführungskondensators (Bild 7.3 c) oder eines Durchführungskondensators (Bild 7.3 d). Diese Lösungen genügen auch für die UKW- und Fernsehbereiche.

Eine Spule (eine Induktivität!) sperrt die Ausbreitung hochfrequenter Störungen auf den Anschlußleitungen und läßt den Versorgungsgleichstrom passieren (Bild 7.3e). Sehr wirksam ist eine Zusammenschaltung von Spule und Durchführungskondensator (Bild 7.3f). Am wirksamsten sind Entstörfilter, die aus zwei Durchführungskondensatoren und einer Längsinduktivität bestehen (Bild 7.3g).

Die im Bild 7.3 gezeigten Entstörmaßnahmen sind bei Kontaktstörungen besonders wirksam, jedoch nur in Verbindung mit einer Abschirmung der Störquelle (Verhinderung der direkten Abstrahlung). Daneben kommt jedoch auch der einwandfreien Masseverbindung eine erhebliche Bedeutung zu.

Bei sachgemäßer Durchführung der Entstörung haben die Entstörmaßnahmen keinerlei nachteilige Wirkungen auf die Funktion der entstörten Einrichtungen.

Je empfindlicher der Empfänger und je kleiner und ungünstiger die Antenne angeordnet ist, um so größer ist der Aufwand zur Entstörung. Die Störwirkungen können auch bei Fahrzeugen gleichen Typs sehr unterschiedlich sein, z. B. wegen verbrauchter Zündkerzen, prellender Unterbrecher- und Reglerkontakte und stark feuernder Kohlebürsten.

Erfahrungsgemäß ist auch meist bei Verwendung sog. elektronischer Antennen ein erhöhter Entstöraufwand bzw. größere Sorgfalt bei der Entstörung erforderlich.

Nach der Entstörung der elektrischen Anlage des Kraftfahrzeugs ist eine Überprüfung der Entstörung und der Funktion der Anlage erforderlich. Hierzu ist auch eine Probefahrt durchzuführen, da nur dabei Störungen durch veränderte Massebedingungen beim Schaltgestänge und beim Getriebe, veränderte Auflagedrücke, statische Aufladungen usw. erkennbar sind.

7.2.4. Umfang der Entstörausrüstung

Grundsätzlich muß man davon ausgehen, daß eine absolute Beseitigung der Störenergie nicht möglich ist, sie kann nur auf ein bestimmtes Maß herabgesetzt werden – dieses Maß wird von der Stärke der Störer und dem Entstöraufwand (letztlich auch eine Kostenfrage) bestimmt.

Eine günstige Antenne, optimaler Montageort und die Art des Empfängers spielen eine entscheidende Rolle.

Letztlich verhalten sich auch die verschiedenen Fahrzeugtypen – ja sogar verschiedene Exemplare des gleichen Typs – sehr unterschiedlich (manche gelten als nur sehr schwer oder nicht optimal entstörbar).

Das ändert sich z. T. auch noch in Abhängigkeit von der Zeit der Gebrauchsdauer (unzuverlässig werdende Masseverbindungen). Man geht also allgemein von einer sog. Grundentstörung aus (s. Tafel 12.2 s. Anhang). Je nach den speziellen Gegebenheiten, den Qualitätsforderungen und der Art der Geräte muß dann der Entstöraufwand erhöht werden. Das kann letztlich bei Verwendung aller in Frage kommenden Bauteile bis zur Vollschirmung in professioneller Technik bei höchsten Anforderungen enden.

Serienmäßige Entstörungen liegen in aller Regel weit unter diesem Grenzfall – dies ist eine Frage der Optimierung zwischen Ansprüchen und Kostenaufwand, der auch aus der Sicht der volkswirtschaftlichen Bedeutung zu sehen ist.

7.3.   Bauteile und Bausätze für die Entstörung

Zur Erfüllung der vielfältigen Forderungen der Funkentstörung steht ein umfangreiches Sortiment an Entstörbauelementen zur Verfügung. Die Entstörung eines Kraftfahrzeugs wird durch komplette Entstörbausätze, die für bestimmte Fahrzeugtypen oder auch (seltener!) für bestimmte Anlagenteile (Regler, Lichtmaschine usw.) zusammengestellt sind, sehr erleichtert. Mit solchen Bausätzen ist eine sehr zielstrebige und schnelle Entstörung möglich.

7.3.1.   Entstörwiderstandsbauteile und -leitungen

In Zündkerzenentstörsteckern, Zündleitungsentstörmuffen und Verteilerentstörsteckern befinden sich als eigentliches Entstörbauelement Entstörwiderstände. Bekannt sind oxidische Halbleiterwiderstände, die bis 400 °C beständig und impulsfest sind, so daß auch bei hochtourigen Motoren keine elektrische oder thermische Zerstörung der Widerstände möglich ist. Um die bei Kappenwiderständen auftretenden Schwierigkeiten der Kontaktgabe zu vermeiden, werden bei diesen Typen Molybdänkontakte eingesintert, die korrosionsbeständig sind und durch Funkenbildung nicht angegriffen werden. Wegen der geringen Temperaturabhängigkeit und der kleinen Dielektrizitätskonstante des Werkstoffs wird eine gute Entstörwirkung erreicht. Unter normalen Betriebsbedingungen haben diese Widerstände eine praktisch unbegrenzte Lebensdauer.

Aus gegenwärtiger Fertigung in der DDR steht ein 5,5-kΩ-Drahtwiderstand zur Verfügung.

Neben der Absorptionswirkung des Widerstandsmaterials wirkt die Wendel als Drossel, die die Störausstrahlung zusätzlich unterdrückt, so daß sich insgesamt ein sehr guter Effekt ergibt.

Die Wirksamkeit von hochohmigen Widerständen ist bei niedrigen Frequenzen günstiger als bei hohen. Für hohe Frequenzen eignen sich dagegen niedrigere Widerstandswerte besser.

Deswegen verwendet man bei UKW- und Fernseheigenentstörung Widerstandswerte bis herab zu etwa 1 kΩ. Dadurch sind jedoch die niedrigeren Frequenzen benachteiligt, so daß ein Kompromiß erforderlich ist.

Die *Zündkerzenentstörstecker* unterscheiden sich von den üblichen Zündkerzensteckern durch die eingebauten Entstörwiderstände. Man unterscheidet ungeschirmte, teilgeschirmte und vollgeschirmte Zündkerzenentstörstecker. Die ungeschirmten Stecker erfüllen im allgemeinen die Forderungen der Fernentstörung; teilgeschirmte Entstörstecker werden häufig für die Nahentstörung verwendet. Vollgeschirmte Stecker erfüllen höchste Anforderungen, besonders bei weitergehenden Schirmungsmaßnahmen (vollgeschirmte Zündanlage z. B. im Trabant oder bei höchsten Forderungen auch bei Fahrzeugen mit Metallkarosserien).

Bild 7.4 zeigt zwei teilgeschirmte und einen vollgeschirmten Entstörstecker. Diese Stecker können auf alle üblichen Zündkerzen aufgesteckt werden. Bei den geschirmten Ausführungen ist auf gute Kontaktgabe der Abschirmung zum Sechskant der Zündkerze zu achten.

Die Zündkerzenentstörstecker sind sauberzuhalten, damit sie einwandfrei funktionieren. Zum Stecker gehören Abdichtungen aus Gummi oder Thermoplast, die bei der Montage angebracht werden.

Der Bezeichnung der WBN-Entstörstecker lassen sich die Steckerbauform und das Gewinde der Zündkerze entnehmen (A Winkelstecker, teilgeschirmt; B gerader Stecker, teilgeschirmt; C Winkelstecker, vollgeschirmt; D gerader Stekker, vollgeschirmt). Ein gerader Zündkerzenentstörstecker, teilgeschirmt, für Zündkerzen mit Gewinde M 14 trägt die Bezeichnung „Entstörstecker B 14, TGL 200-3612".

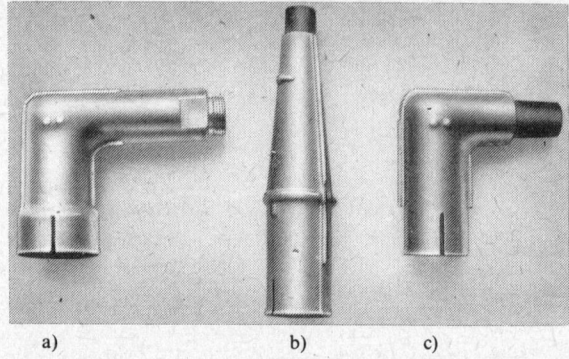

Bild 7.4. Geschirmte Zündkerzenentstörstecker
a) vollgeschirmter Winkelstecker
b) teilgeschirmter gerader Stecker
c) teilgeschirmter Winkelstecker

a)   b)   c)

Zündleitungsentstörmuffen werden für die Fernentstörung des Verteilers im Lang- und Mittelwellenbereich an den Zündspulen und/oder am Verteilerzuführungsanschluß angebracht.

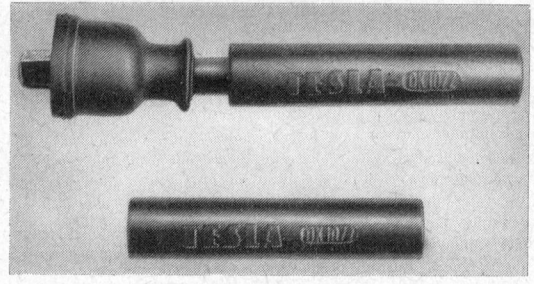

Bild 7.5
Zündleitungsentstörmuffen

Bild 7.5 zeigt die Entstörmuffe OK 10/2 von Tesla, ČSSR, die mit einem 10-kΩ-Widerstand ausgerüstet ist. Solche Entstörmuffen werden in die Zündleitungen eingeschaltet. Im Bild ist oben der Anschluß für einen Verteiler oder eine Zündspule zu sehen.

Hinweis:

Oxidische Halbleiter*widerstände* und 9-kΩ-Volumenwiderstände werden in der DDR nicht mehr hergestellt. In Entstörsteckern und -muffen wird einheitlich ein nicht auswechselbarer Drahtwiderstand von 5,5 kΩ verwendet.

Die *Verteilerentstörstecker* verwendet man in schwierigen Fällen und vorzugsweise bei der Entstörung für alle Wellenbereiche. Bild 7.6 zeigt einen Verteilerentstörstecker (GK 72-5) mit einem 5-kΩ-Widerstand (Tesla). Verteilerentstörstecker gibt es auch als Winkelstecker.

Die *entstörten Verteilerläufer* haben eine wesentlich bessere Wirkung als Entstörmuffen oder Verteilerentstörstecker in der Verteilerzuführung. Bei ihnen ist in den Kontaktweg des Verteilerläufers und damit unmittelbar an die Störquelle ein Widerstand eingebaut (Bild 7.7).

In manchen Ländern gibt es *entstörte Zündkerzen,* die den Entstörwiderstand direkt im Kerzenkörper enthalten. In der DDR sind solche Entstörkerzen nicht handelsüblich.

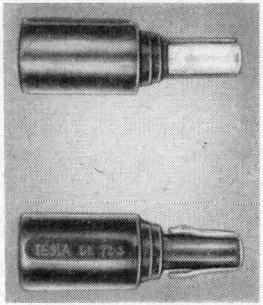

Bild 7.6. Verteilerentstörstecker von Tesla mit einem 5-kΩ- Widerstand

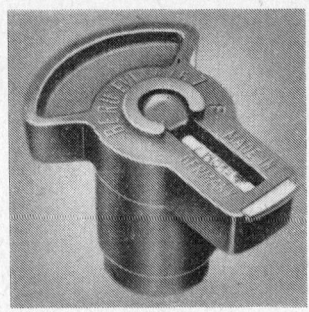

Bild 7.7. Entstörter Verteilerläufer (Beru)

Widerstandszündleitungen werden anstelle herkömmlicher Zündleitungen (mit Kupferlitze als Leiter) dann verwendet, wenn es darauf ankommt, die Störungen der Zündanlage weiter zu reduzieren. Herkömmliche Zündleitungen werden bei der Entstörung mit zwischengeschalteten Widerständen von etwa $1 \text{ k}\Omega$ bis $12 \text{ k}\Omega$ (Kerzenstecker, Muffen, Verteilerstecker) verwendet. Diese Widerstandsbauelemente dämpfen jedoch in vielen Fällen die von den Störquellen ausgehenden Störungen nicht genug. Die Leitungen strahlen die Störungen wie Antennen ab (abhängig von der Länge der Leitungen). Dieser „Antenneneffekt" für die Störausstrahlung wird bei Widerstandszündleitungen dadurch gedämpft, daß der Entstörwiderstand in die Leitung selbst hineinverlegt und der Kupferleiter durch ein Widerstandsmaterial ersetzt wird. Dabei ist hauptsächlich nach zwei Typen zu unterscheiden:
– ohmsche Widerstandszündleitung,
– induktive Widerstandszündleitung.

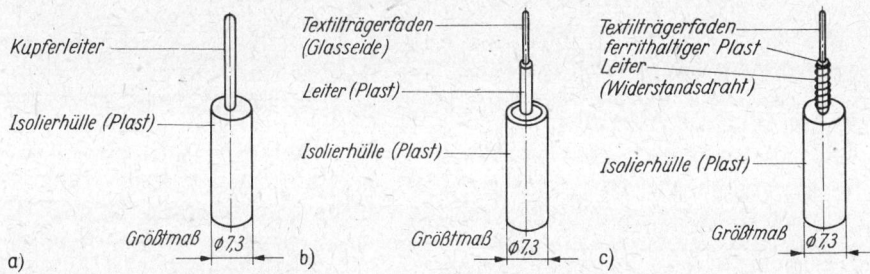

Bild 7.8. Kfz-Zündleitungen
a) herkömmliche Ausführung mit Kupfer-(Litze-)Leiter
b) ohmsche Widerstandszündleitung
c) induktive Widerstandszündleitung

Bild 7.8 zeigt den Aufbau der verschiedenen Zündleitungen.
Die *ohmschen* Widerstandszündleitungen bestehen meist aus thermoplastischen Materialien. Der Leiter wird durch verschiedene Zusätze in geeignetem

Maß elektrisch leitend gemacht. Zur Erhöhung der Zugfestigkeit wird außerdem ein Tragefaden aus Textilien eingebettet. Über den leitfähigen Teil wird eine Isolierhülle in ein bis zwei Schichten aufgebracht.

Eine solche Kfz-Widerstandszündleitung wird seit mehreren Jahren serienmäßig z. B. für den PKW Wartburg verwendet. Sie hat die Typenbezeichnung NZü 2Y20 bl, die auf der Oberfläche aufgeprägt ist. Man erkennt diese Leitung an der blauen Einfärbung. Sie hat einen konstanten biegeunempfindlichen Widerstand von etwa 20 kΩ je m.

In der Kombination einer solchen Leitung mit z. B. teilgeschirmten Kerzenentstörsteckern (mit 5,5-kΩ-Drahtwiderstand) wird ebenfalls eine gute Entstörung erzielt.

Eine ähnliche Leitung wird z. B. auch beim Škoda (ab S 100) verwendet. Diese Leitung ist grün gekennzeichnet und besitzt einen Widerstand von 19 kΩ je m.

Beim Škoda wird diese Leitung in Verbindung mit Kerzensteckern und Verteilersteckern – die je einen Drahtwiderstand von 1 kΩ enthalten – eingesetzt.

Die *induktiven* Widerstandszündleitungen bestehen meist aus einem Tragefaden, um den eine Plastmischung mit Ferritmaterial aufgebracht ist. Auf diese Anordnung ist ein Widerstandsdraht gewickelt, der aber einen verhältnismäßig niedrigen ohmschen Widerstand aufweist (2 bis 3 kΩ je m). Darüber ist die Isolierhülle angebracht.

Ferrite haben die Eigenschaft, die Induktivität – und damit den induktiven Widerstand – einer darauf aufgebrachten Wicklung wesentlich zu erhöhen. Darauf beruht bei dieser Leitung ein wesentlicher Teil der Entstörwirkung (ähnlich der Wirkung einer Drosselspule).

In der DDR wird eine solche Leitung nicht hergestellt, sie ist z. T. in Importfahrzeugen (Shiguli, Lada, Dacia, Zastava) verwendet.

7.3.2. Entstörkondensatoren

Für die Kraftfahrzeugentstörung verwendet man zunehmend metallisierte Kunststofffolien-Kondensatoren, da diese ausgezeichnete elektrische Eigenschaften, einen großen zulässigen Temperaturbereich und kleine Abmessungen aufweisen.

Wenn besonders große Kapazitäten zur Entstörung erforderlich sind, z. B. zur Entstörung von Drehstromlichtmaschinen oder elektrischen Uhren, verwendet man Elektrolytkondensatoren.

Bei vielen Kondensatoren gibt es gleichwertige Varianten, die sich nur durch die Länge der Anschlußleitungen, die Art der Klemmen oder die Steckverbindungsmöglichkeiten unterscheiden.

Parallelkondensatoren (Bild 7.9) sind für die Entstörung im Lang- und Mittelwellenbereich geeignet. Tafel 7.1 gibt eine Übersicht über derartige Kondensatoren. Werden sie auch für die Entstörung im Kurzwellen- und UKW-Bereich eingesetzt, so müssen sie „vorbeigeschleift" angeschlossen werden (Bild 7.10). Von der Klemme des störenden Teils ist dabei eine sehr kurze Leitung zum Anschluß des Kondensators zu führen; an diese Klemme sind dann alle anderen Anschlüsse, die bisher an der Klemme des Störers waren, anzuschalten. Auf gute Masseverbindung ist zu achten.

Vorbeiführungskondensatoren (Bild 7.11) sind für die Entstörung in allen Wellenbereichen geeignet; für die UKW-Entstörung sind sie besonders zu empfehlen. Tafel 7.2 bietet eine Übersicht über geeignete Kondensatoren. Die in dieser Tafel aufgeführten Kondensatoren Nr. 1 bis 3 sind eigentlich symmetrische Breitband-Entstörbauelemente für netzbetriebene Geräte. Wenn man – wie in der elektrischen Schaltung dargestellt – den einen Durchgangsweg an den Klemmen überbrückt und die Klemmen an Masse legt, sind diese Kondensatoren auch als unsymmetrische Entstörbauteile im Kraftfahrzeug zu verwenden.

Bild 7.9. Parallelentstörkondensatoren

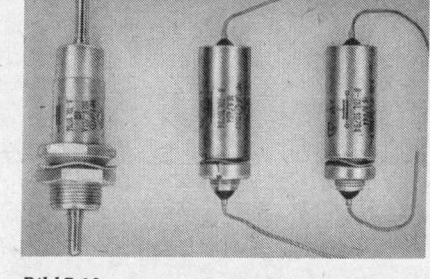

Bild 7.12
Durchführungs-MP-Kondensatoren

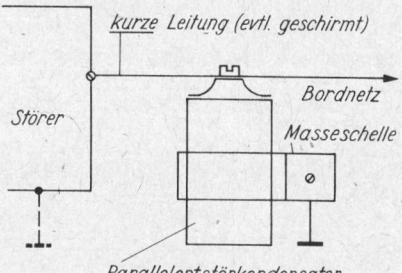

Bild 7.10. „Vorbeigeschleifter" Anschluß eines Parallelentstörkondensators für die Entstörung bei hohen Frequenzen

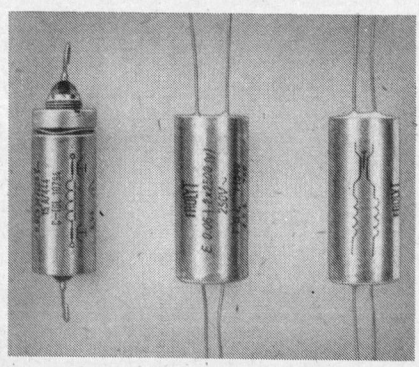

Bild 7.13
Entstörfilter verschiedenen Aufbaus

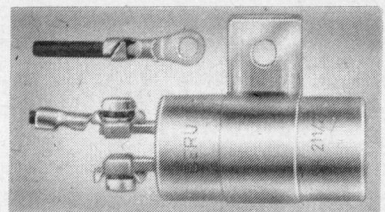

Bild 7.11
Vorbeiführungskondensator 3 μF

Durchführungskondensatoren (Bild 7.12) zeigen bei hohen Frequenzen die beste Wirkung. Sie sind daher für schwierige Fälle, z. B. die UKW- und Fernsehentstörung, zu empfehlen. Tafel 7.3 gibt einen Überblick über diese Bauelemente.

In vielen Fällen reicht die Entstörwirkung von Kondensatoren nicht aus, besonders dann, wenn aus Gründen der Kontaktbelastung nur relativ kleine Kapazitäten zugelassen werden können. In diesen Fällen sind Entstörfilter (Bild 7.13) zu verwenden, die eine Kombination aus Kondensator und Spule darstellen. Tafel 7.4 bietet eine Übersicht über Entstörfilter.

Tafel 7.1 Parallelentstörkondensatoren von verschiedenen Herstellern

Lfd. Nr.	Hersteller	Bezeichnung	Aufbau	Anwendung	Elektrische Schaltung	a) Befestigung b) Abmessungen in mm c) Masseanschluß
1	VEB Kondensatorenwerk Freiberg	Kraftfahrzeugkondensator 1,8/160, TGL 5187	1,8 µF	LM-Entstörung, Klemme 15 Zündspule, Reglerklemme 51, Drehstromlichtmaschinenklemme B+ (B−), Scheibenwischer, Elektromotoren	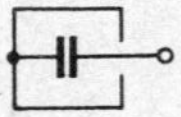	a) Schelle b) 18,4 Ø × 38 c) an Gehäuse
2	VEB Kondensatorenwerk Freiberg	Kraftfahrzeugkondensator 2,5/160, TGL 5187	2,5 µF	LM-Entstörung, Klemme 15 Zündspule, Reglerklemme 51, Drehstromlichtmaschinenklemme B+ (B−), Scheibenwischer, Elektromotoren	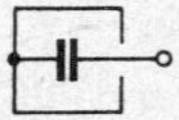	a) Schelle b) 18,4 Ø × 48 c) an Gehäuse
3	VEB Kondensatorenwerk Freiberg	Kraftfahrzeugkondensator 0,4/125 (KoBv 61 428)	0,4 µF	M-Entstörung, Klemme D+ (D−) Lichtmaschine, Reglerklemme 61, elektrischer Kraftstoff- und Temperaturgeber, Elektromotoren		a) Schelle b) 18,4 Ø × 31 c) an Gehäuse
4	VEB Kondensatorenwerk Freiberg	Zündkondensator Zo, 22/300 „M"	0,22 µ	Unterbrecherentstörung		a) Schelle b) 18,4 Ø × 31 c) an Gehäuse
5	VEB Kondensatorenwerk Gera	Sikatropkondensator 4 700 pF	4 700 pF	LMK-Entstörung, Klemme DF am Regler	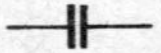	a) frei tragend b) − c) gekennzeichn. Anschluß

Nr.	Hersteller	Typ	Wert	Verwendung	Symbol	Einbau
6	BERU	SK 215/2	3 µF	LM-Entstörung, Klemme 15 an Zündspule (an Spritzwand befestigt)		a) Schelle b) – c) separater Masseanschluß
7	VEB Kondensatorenwerk Freiberg	Entstörkondensator A 5 000 (b) 220, TGL 11840	5 000 pF	LMK-Entstörung, Klemme DF am Regler		a) frei tragend b) 8 $\varnothing$ × 33 c) gekennzeichn. Anschluß
8	VEB Kondensatorenwerk Gera	MKC-Kondensator 0,47/10/100, TGL 200-8447	0,47 µF	M-Entstörung, Klemme D+ (D−) Lichtmaschine, Reglerklemme 61, elektrischer Kraftstoff- und Temperaturgeber, Elektromotoren		a) frei tragend b) 6 $\varnothing$ × 22 c) gekennzeichn. Anschluß
9	VEB Kondensatorenwerk Gera	MKC-Kondensator 1/10/100, TGL 200-8447	1 µF	LM-Entstörung, Klemme 15 Zündspule, Reglerklemme 51, Drehstromlichtmaschinenklemme B+ (B−), Scheibenwischer, Elektromotoren		a) frei tragend b) 8 $\varnothing$ × 22 c) gekennzeichn. Anschluß
10	VEB Kondensatorenwerk Gera	MKC-Kondensator 2,2/10/100, TGL 200-8447	2,2µF	LM-Entstörung, Klemme 15 Zündspule, Reglerklemme 51, Drehstromlichtmaschinenklemme B+ (B−), Scheibenwischer, Elektromotoren		a) frei tragend b) 11 $\varnothing$ × 26 c) gekennzeichn. Anschluß

Tafel 7.2. *Vorbeiführungskondensatoren für Entstörzwecke von verschiedenen Herstellern*

Lfd. Nr.	Hersteller	Bezeichnung	Aufbau	Anwendung	Elektrische Schaltung	a) Befestigung b) Abmessungen in mm c) Masseanschluß
1	VEB Kondensatorenwerk Gera	Breitband-Entstörkondensator H 0,1 + 2 × 2 500 (b) 220/6-50, TGL 11840	0,1 µF bis 25 A belastbar	(L) MKU-Entstörung, unsymmetrische Schaltung entsprechend Skizze, Lichtmaschinenklemme D + (D−), Reglerklemme D +/61		a) 2 Laschen b) 40 × 30 × 15 c) an Gehäuse
2	VEB Kondensatorenwerk Freiberg	Entstörkondensator C 0,1 + 2 × 2 500 (b)/220, TGL 11840	0,1 µF	(L) MKU-Entstörung, unsymmetrische Schaltung entsprechend Skizze, Lichtmaschinenklemme D + (D−), Reglerklemme D +/61	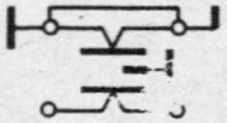	a) Schelle b) 18 ∅ × 38 c) separater Anschluß
3	VEB Kondensatorenwerk Freiberg	Entstörkondensator D 0,1 + 2 × 2 500 (b)/220 TGL 11840	0,1µF	(L) MKU-Entstörung, unsymmetrische Schaltung entsprechend Skizze, Lichtmaschinenklemme D + (D−), Reglerklemme D +/61		a) Schelle b) 18 ∅ × 38 c) separater Anschluß

Tafel 7.3. Durchführungskondensatoren für Entstörzwecke vom VEB Kondensatorenwerk Gera

Lfd. Nr.	Bezeichnung	Aufbau	Anwendung	Elektrische Schaltung	a) Befestigung. b) Abmessungen in mm c) Masseanschluß
1	MP-Durchführungskondensator A 1/160, TGL 10794	1 µF bis 60 A belastbar	LMKUF-Entstörung, für alle schwierigen Anwendungsfälle und Anschlüsse **außer** Regler- oder Lichtmaschinenklemme DF		a) Schelle oder Verschraubung in einem Befestigungsloch 16 Ø b) 25,4 Ø × 80 c) an Gehäuse
2	MP-Durchführungskondensator B 1/160, TGL 10794	1 µF bis 15 A belastbar	LMKUF-Entstörung für alle schwierigen Anwendungsfälle und Anschlüsse außer Regler- oder Lichtmaschinenklemme DF		a) Schelle oder Verschraubung in einem Loch 10 Ø b) 16 Ø × 56 c) an Gehäuse
3	MP-Durchführungskondensator B 0,25/160, TGL 10794	0,25µF bis 10 A belastbar	KUF-Entstörung, für alle schwierigen Anwendungsfälle und Anschlüsse **außer** Regler- und Lichtmaschinenklemme DF		a) Schelle oder Verschraubung in einem Loch 7 Ø b) 10 Ø × 43 c) an Gehäuse
4	Durchführungskondensator E 5 000 (b), TGL 10794; 2 500 (b), TGL 10794; 1 250 (b), TGL 10794	5 000 pF 2 500 pF 1 250 pF	KUF-Entstörung an Regler- und Lichtmaschinenklemme DF		a) Schelle oder Verschraubung in einem Loch 10 Ø b) 16 Ø × 46 c) an Gehäuse

Tafel 7.4. *Entstörfilter von verschiedenen Herstellern*

Lfd. Nr.	Hersteller	Bezeichnung	Aufbau	Anwendung	Elektrische Schaltung	a) Befestigung b) Abmessungen in mm c) Masseanschluß
1	VEB Kondensatorenwerk Gera	Durchführungskondensator Co, 025/300, TGL 10794; Do, 25/300, TGL 10974	0,25 µF + Ferritkern, 10 A; 0,25 µF + Ferritkern, 100 A	KUF-Entstörung für schwierige Fälle, jedoch nicht für Klemmen DF		a) Schelle oder Loch b) 10 Ø / 16 Ø × 56 c) an Gehäuse; a) Schelle oder Loch b) 18 Ø / 40 Ø × 97 c) an Gehäuse
2	VEB Kondensatorenwerk Freiberg	Entstörkondensator EO, 06 + 2 500 (b)/220, TGL 11840	0,06 µF, (2 ×) 10 µH (mit Metallgehäuse)	UF-Entstörung für Scheibenwischer, Blinker, Motoren, KUF-Entstörung für Reglerklemme DF (bedingt), Schaltung wie nebenstehend		a) frei tragend b) 18 Ø × 40 c) separater Anschluß
3	VEB Kondensatorenwerk Freiberg	Entstörkondensator F1 + 100/500, TGL 11840; Fo, 2 + 100/500, TGL 11840; Fo, 1 + 47/500, TGL 11840	1 µF + 100 Ω; 0,2 µF + 100 Ω; 0,1 µF + 47 Ω	LMKU-Entstörung für Kontakte aller Art, Blinker, Motoren		a) frei tragend, Schelle b) 18 Ø × 53 c) beliebig; a) frei tragend, Schelle b) 25 Ø × 70 c) beliebig; a) frei tragend, Schelle b) 16 Ø × 53 c) beliebig

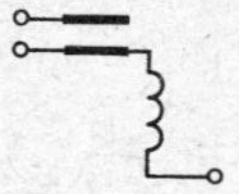

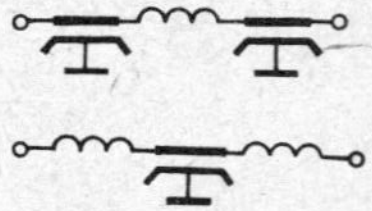

7.3.3. Sonstige Entstörbauteile

Zur Erhöhung der Entstörwirkung können auch Drosselspulen (Induktivitäten) verwendet werden. Sie werden besonders im UKW- und Fernsehbereich angewendet. Bild 7.14 zeigt eine Störschutzdrossel mit HF-Kern, belastbar bis 10 A. Sie ist in Verbindung mit Kondensatoren besonders wirksam.

Solche Entstördrosseln kann man unter Verwendung von Ferritkernen einfach selbst herstellen. Besonders geeignet ist z. B. ein Doppellochkern aus Manifer 240, durch dessen Löcher eine Zuführungsleitung geführt werden kann (evtl. mehrfach), so daß eine Drossel entsteht (Bild 7.15).

Bild 7.14. Entstördrossel mit HF-Kern zum Einlöten in das störende Gerät

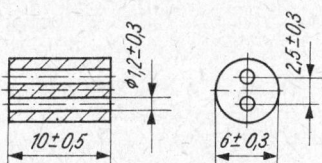

Bild 7.15. Breitbanddrosselkern mit zwei Bohrungen zum Aufbau einer Einfachdrossel

Bild 7.16. Industriell hergestellte Verteilerabschirmhaube

Wenn man einen Zylinderkern mit Bohrung einfach auf eine Leitung aufschiebt, ergibt sich dadurch ebenfalls, besonders bei hohen Frequenzen, eine Entstörwirkung. Als Werkstoff ist z. B. Manifer 310 geeignet. Diese Ferrite werden vom VEB Keramische Werke Hermsdorf hergestellt. Mit Zylinderkernen ohne Bohrung lassen sich Drosseln entsprechend Bild 7.14 herstellen (z. B. mit Zylinderkernen 5 g × 30, TGL 4818, Manifer 310). Auch die Breitbanddrosselkerne vom VEB Keramische Werke Hermsdorf sind für den hier behandelten Verwendungszweck als Einfachdrossel-Zylinderkern (mit zwei Bohrungen) geeignet. Sie werden ähnlich wie der im Bild 7.15 links dargestellte Kern verwendet.

Bei starken Störungen durch den Verteiler, besonders wenn er relativ hoch angebracht ist, sind zusätzlich *Verteilerabschirmkappen* erforderlich. Bild 7.16 zeigt solch eine Verteilerabschirmhaube. Steht eine industriell hergestellte Abschirmkappe nicht zur Verfügung, kann man auch eine übliche Kappe verwenden, auf die durch ein Galvanoplastikverfahren eine 0,5 mm dicke Kupferschicht aufgebracht wurde. Besonders an den Zündkabelanschlüssen muß darauf geachtet werden, daß eine ausreichende Kriechstrecke von mindestens 10 mm vorhanden ist.

Auch aus einer einfachen Blechdose (Konservendose) entsprechender Größe läßt sich eine solche Abschirmkappe selbst herstellen. Man bohrt in den Boden dieser Dose einfach die erforderlichen Löcher für die Zündleitungen. Die Abschirmkappen müssen mit einem Masseband an den Motorblock angeschlossen werden.

Eventuell können auch die Befestigungsfedern der Verteilerkappe zur Befestigung und Massekontaktierung der Abschirmkappe verwendet werden.

Mitunter ist es auch erforderlich, die Zündspule abzuschirmen (natürlich neben den grundsätzlich notwendigen Beschaltungen durch Entstörbauteile an den Anschlüssen). Dafür gibt es entsprechende Bauteile, die z. T. seit vielen Jahren serienmäßig verwendet (Abschirmung für Kleinzündspulen im Trabant) und auch für professionelle Zwecke (Kfz mit Funkeinrichtungen) hergestellt werden; letzteres betrifft Abschirmungen für Autozündspulen in Normalausführung, Hochleistungszündspule und Transistorzündspule (gleiche äußere Abmessungen).

Der Aufbau der Abschirmung bei Klein- und Normalzündspulen erlaubt, daß z. B. die Gewindeanschlüsse für die abgeschirmten Leitungen allgemein verwendbar sind. Bild 7.17 zeigt die Abschirmung für die großen Zündspulen (Kleinzündspulen s. z. B. auch Bild 8.2). In der abgebildeten Entstörkappe befindet sich für Klemme 15 ein Durchführungskondensator von 0,25 µF, 10 A, der besonders für KW und UKW gute Entstörung ergibt. Für LW und gegebenenfalls MW kann bei Reststörungen noch ein Parallelkondensator von z. B. 2,5 µF zugeschaltet werden (außen).

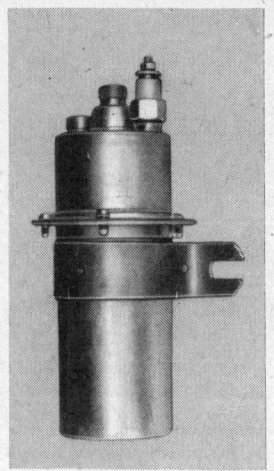

a) Seitenansicht   b) perspektivische Ansicht

Bild 7.17. Abgeschirmte Zündspule (Normalausführung, Hochleistungs- und Transistorzündspule)

Bei Beschaffungsschwierigkeiten wird folgende Selbstbauempfehlung gegeben (Umrüstung des handelsüblichen Bausatzes für Kleinzündspulen – PKW Trabant):

Benötigt wird dazu eine Konservendose (Weißblech) von etwa 70 bis 75 mm Durchmesser. Sie wird halbiert, so daß zwei etwa 70 bis 80 mm hohe Becher entstehen. In die Böden werden Löcher geschnitten, die dem Durchmesser der handelsüblichen Entstörkappen entsprechen. Dort werden die Gewinderinge weich aufgelötet. Die Kappen werden dann mit den Leitungen wie vorgeschrieben montiert. Aus Bandstahl (etwa 20 mm × 2 mm) werden Schellen gebogen, die über die Zusatzkappen passen und die mit je einer Schraube angezogen werden. Um den Abstand zwischen Spulenkörper und Entstörkappe auszugleichen, legt man Alu- oder Bleistreifen unter. Zu beachten ist noch, daß die im Entstörzubehör mitgelieferten kurzen Leitungen von den Zündspulen zum Entstörkondensator durch längere ersetzt werden müssen.

Weitere Hinweise: s. auch Abschnitt 7.4.

Besonders in der trockenen Jahreszeit entstehen *statische Ladungen* an Fahrzeugen durch Reibung. Die dadurch verursachten überspringenden Funken führen ebenfalls zu Störungen. Diese Funkenüberschläge können durch geeignete Kontaktverbindungen an den nicht angetriebenen Rädern eines Kraftfahrzeugs verhindert werden. Für verschiedene Fahrzeugtypen werden Radnabenschleifkontakte hergestellt.

Bild 7.18 zeigt drei Varianten solcher Radnabenschleifkontakte und ihre Anbringung in der Schutzkappe von nicht angetriebenen Rädern.

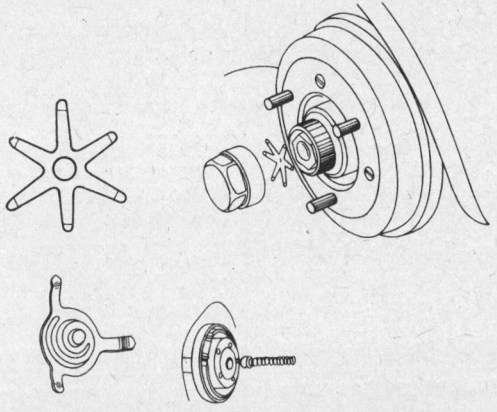

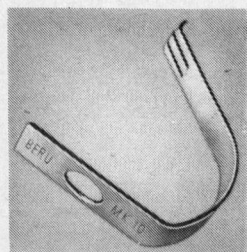

Bild 7.18. Verschiedene Radnabenschleifkontakte und ihre Anbringung an nicht angetriebenen Rädern

Bild 7.19. Massekontakt für Motorhauben

Entladungsstörungen sind auch durch überspringende Funken von den Rädern zur Fahrbahn möglich. Um diese zu verhindern, müssen die Fahrzeugreifen mit Reifenleitlack bestrichen werden.

Die *Masseverbindungen* erfordern bei der Fahrzeugentstörung besondere Beachtung. Von ihrer Güte kann der gesamte Entstörerfolg abhängig sein. Masseverbindungen werden mit Massebandgeflecht aus Kupfer hergestellt. An den Kontaktverbindungen soll dieses Geflecht verzinnt und durchbohrt sein. Die Massebandverbindung soll so kurz wie möglich sein, der Querschnitt muß mindestens 16 mm^2 betragen. Die Wirkung ist um so besser, je breiter das Masseband ist; Runddrähte haben geringere Wirksamkeit. Massebänder können aus handelsüblichem Abschirmschlauch hergestellt werden (Kupfer!). Massebänder werden vom Handel in verschiedenen Längen angeboten.

Bild 7.19 zeigt die Masseverbindung einer Motorhaube, die erforderlich wird, wenn durch das Haubenschloß keine ausreichende Masseverbindung gewährleistet ist.

7.3.4. Vollschirmung der Zündanlage

Haben alle Teilmaßnahmen zur Entstörung nicht zum erwünschten Erfolg geführt, so stellt die **Vollschirmung** der Anlage die letzte und wirkungsvollste Maßnahme dar. Diese muß bei der Zündspule beginnen und über den Zündverteiler bis hin zu den Zündkerzen **konsequent** ausgeführt werden. Diese Schirmung ist die wirkungsvollste, aber auch die aufwendigste Maßnahme, so daß man nur in letzter Konsequenz davon Gebrauch machen sollte, besonders deshalb, weil sie bei Vereinfachungen auch nicht frei von Nachteilen ist.

Die Abschirmung muß grundsätzlich an allen Stellen möglichst dicht und sehr gut kontaktiert sein. Diese Forderung erfüllen an sich nur entsprechend verschraubte (Rohr-) Verbindungen (für die Leitungen) und dichte Abschirmungen für die anderen Bauteile (Gewindeverbindungen).

Bei Vereinfachungen, wie sie z. B. Kupfergewebeschläuche für Verbindungen darstellen, ist es möglich, daß doch noch Reststörungen abgestrahlt werden (keine völlige Dichtheit bei Hochfrequenz). Zum anderen kann an solchen Stellen leicht Wasser oder Feuchtigkeit eindringen, was zu Fehlern oder Ausfall der Zündung selbst führen kann.

Ein funktionstechnischer Vorbehalt soll auch nicht unerwähnt bleiben: Die Vollschirmung stellt für die gesamte Zündanlage eine erhebliche kapazitive elektrische Belastung dar, weil über diese Abschirmungen auch Ladungsenergie der Zündung nach Masse abgeleitet wird. Das heißt, die Höhe der Zündspannungsspitze wird herabgesetzt, und die Zündenergie für die Zündkerzen ist geringer (je nach wirksamer Kapazität der Schirmung).

Man muß also abwägen, welche Vor- und Nachteile bedeutsam sind.

Bei PKWs ohne Schirmwirkung der Karosserie (Plast), wie z. B. beim Trabant, gibt es keine andere Alternative als die Schirmung, das gilt für hohe Forderungen an die Entstörung, aber auch ganz allgemein für Kfzs mit Metallkarosserie.

Es sei bemerkt, daß außer der Zündanlage natürlich auch andere Anlagenteile wirkungsvoll abgeschirmt werden können. Die notwendigen Leitungsdurchführungen durch vollgeschirmte Anlagen müssen ebenfalls entsprechend „dicht" sein – sie werden mittels Durchführungsfiltern oder -kondensatoren entsprechender Strombelastbarkeit realisiert.

Alle Abschirmungen müssen gute Masseverbindung und gute Verbindungen untereinander haben.

Geflechtschläuche dürfen nicht mit Farbe bestrichen werden, weil diese auch zwischen die Kreuzungspunkte läuft, dort die gute Kontaktgabe verhindert und damit die Schirmwirkung aufhebt.

7.3.5. Entstörbausätze

Für die Entstörung bestimmter Geräte oder Anlagenteile werden geeignete Verbundentstörmittel angeboten, die z. B. eine hochwirksame Reglerentstörung für alle Frequenzbereiche ermöglichen.

Eine Kombination aus einem Parallelkondensator von 2,5 μF und einem Durchführungskondensator von 1 μF nach den Tafeln 7.1 und 7.3 zur hochwirksamen Entstörung für alle Wellenbereiche, die man selbst zusammenstellen kann, ist im Bild 7.20 zu sehen. Der Parallelkondensator ist gehäuseseitig an den Durchführungskondensator angelötet. Die Anordnung wird mit einem Befestigungswinkel montiert und der Anschluß des Parallelkondensators zum Anschluß des störenden Kontakts geführt.

Vielfach werden auch einzelne Entstörbauteile und Haltewinkel zu Montage-
gruppen zusammengefaßt. Diese sind dann sehr einfach an die störenden Geräte
zu montieren (Bild 7.21).

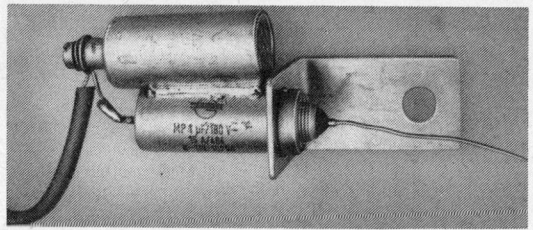

*Bild 7.20. Entstörkombination
aus Parallelkondensator 2,5 μF
und Durchführungskondensator
1 μF*

*Bild 7.21. Entstörkombination zur
Reglerentstörung, bestehend aus einem
2,5-μF-Parallelkondensator, einem
1-μF-Durchführungskondensator, einem
5 000-pF-Durchführungskondensator und
einem 1-μF-Durchführungskondensator*

Zur Erleichterung der Entstörarbeit stehen für einige Fahrzeugtypen (Trabant
und Barkas B 1000) komplette Entstörbausätze zur Verfügung. Sie enthalten alle
notwendigen Bauteile in guter Qualität. In besonderen Fällen können jedoch
noch weitere Entstörmaßnahmen erforderlich werden.

Beim Trabant ist die Entstörung sehr schwierig, da wegen der Kunststoffka-
rosserie keinerlei Abschirmung vorhanden ist. Darum muß die gesamte Zündanlage vollständig abgeschirmt werden.

Der Entstörbauteilsatz PKW Trabant 600/601 enthält alle erforderlichen
Bauteile zur Entstörung der Zündspulen, der Leitungen und des Reglerschalters
für die Lang-, Mittel- und Kurzwellenentstörung. Der Satz ist so aufgebaut, daß
alle störspannungsführenden Teile der Zündanlage abgeschirmt sind. (Auf die
Art der Zündspule ist besonders zu achten.)

Der Entstörbauteilesatz für das Fahrzeug Barkas B 1000 enthält die erforderlichen geschirmten Teile und Leitungen für die Zündanlage. Zur vollständigen
Entstörung sind weitere Bauteile erforderlich.

7.4.   Entstörung der Zündung

Zum Verständnis der in diesem Abschnitt angeführten Klemmenbezeichnungen
können die Tafeln 7.5 und 7.6 genutzt werden.

7.4.1.   Aufbau der Zündanlage

Bild 7.22. zeigt den Aufbau einer üblichen Zündanlage, bestehend aus Zündspule, Unterbrecher und Zündkerze sowie gegebenenfalls Verteiler.

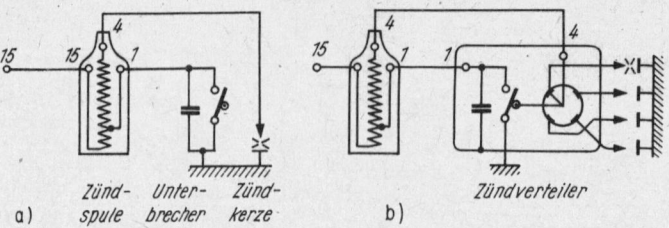

a)   Zünd- Unter- Zünd-   b)   Zündverteiler
     spule brecher kerze

Bild 7.22 Aufbau einer Zündanlage

a) mit einer Zündkerze; b) mit Verteiler und mehreren Zündkerzen

Ist der Unterbrecherkontakt geschlossen, so baut sich in der Zündspule über den Primärstromkreis ein Magnetfeld auf. Wird der Unterbrecherkontakt geöffnet, so bricht das Magnetfeld in sehr kurzer Zeit zusammen, und es entsteht eine große Induktionsspannung, die sehr hohe Werte erreicht (etwa 15 bis 20 kV) und zur Zündfunkenbildung an der Zündkerze ausgenutzt wird. Vor der Zündspule (Klemme 15) kann bei 12-V-Anlagen ein Vorwiderstand eingeschaltet sein, der zur Strombegrenzung dient und beim Starten meist überbrückt wird.

Zur Verbesserung der Zündeigenschaften werden neuerdings auch elektronische Zündanlagen verwendet. In diesen wird der Primärstromkreis der Zündspule nicht durch einen metallischen Unterbrecherkontakt, sondern durch einen Schalttransistor ein- und ausgeschaltet. Manchmal werden die metallischen Kontakte des üblichen Unterbrechers als (kaum belastetes) Steuerorgan für den Transistor benutzt. Es werden aber auch magnetische, optische u. a. Steuerorgane verwendet, die keine metallischen Kontakte haben. In Transistorzündanlagen werden Zündspulen mit einem Übersetzungsverhältnis von etwa 1:400 benutzt (übliche Zündspule etwa 1:80).

Transistorzündanlagen haben ebenso wie normale Zündanlagen eine relativ große Stromaufnahme, die sich vor allem bei niedriger Drehzahl und beim Starten nachteilig bemerkbar macht. Dieser Nachteil wird von den Thyristorzündanlagen vermieden. Sie liefern wie die Transistorzündanlagen eine von der Motordrehzahl unabhängige Zündspannung. Die Stromaufnahme ist aber bei kleinen Drehzahlen wesentlich kleiner als bei den Transistoranlagen. Der durchschnittliche Stromverbrauch ist ebenfalls geringer. In den Thyristorzündanlagen wird die Bordnetzspannung über einen Transistorspannungswandler auf etwa 250 V Gleichspannung umgewandelt. Ein Kondensator wird über einen Widerstand auf diesen Spannungswert aufgeladen. Zum Zündzeitpunkt wird der Thyristor durch einen Steuerimpuls „gezündet", und der Kondensator wird über den Thyristor und die Zündspule entladen. Dieser Entladestromstoß wird in der Zündspule auf die gewünschte Hochspannung transformiert.

Mit Transistor- oder Thyristorzündanlage (elektronische Zündung) kann eine weitaus höhere Zündenergie gegenüber herkömmlichen Zündanlagen erzielt werden. Dies ist besonders von Vorteil beim Kaltstart, bei hohen Drehzahlen (über 7 000/min) und Vielzylindermotoren (8 Zyl. u. mehr). Eine höhere Zündenergie soll auch Verbrennung und Zündung des Verbrennungsgemischs im Motor verbessern.

Die Erzeugung einer höheren Zündenergie ist aber auch zwangsläufig mit einer höheren Störenergie bei der Zündung verbunden.

Das hat zur Folge, daß bei elektronischen Zündanlagen zumeist auch der erforderliche Entstöraufwand größer ist (sein muß). Es ist aus Gründen der Störminderung ratsam, besonders den Zündkerzenelektrodenabstand auf das geringste empfohlene Maß zu reduzieren (Herstellerangabe für Einstellung ohne elektronische Zündung). Für eine elektronische Zündung wird der Zündkerzenelektrodenabstand meist erheblich größer empfohlen als ohne Elektronik. Das führt auch zu größeren Störungen. Auch hierbei ist also zu entscheiden, welchem Aspekt der Vorzug gegeben wird.

Die Entstörung elektronischer Zündanlagen erfolgt im übrigen grundsätzlich so wie die der konventionellen Anlagen – bis auf folgende Ausnahmen:
– Bei Transistorzündanlagen kann der Entstörkondensator an Klemme 15 (s. hierzu auch Tafeln 7.5 und 7.6) der Zündspule allgemein entfallen, da er dort keine Funktion zu erfüllen hat. Der Unterbrecherkondensator kann allgemein auch entfallen, da bei den geringen Schaltströmen und -spannungen auch an dieser Stelle keine Störungen mehr entstehen.
– Bei Thyristorzündanlagen darf an Klemme 15 der Spule kein Kondensator angeschaltet sein, da er die Funktion einer solchen Zündanlage in Frage stellen würde.

Tafel 7.5. Klemmenbezeichnungen und ihre Bedeutung in inländischen Kraftfahrzeugen (DLM ≙ Drehstromlichtmaschine)

Klemmen-bezeich-nung	Leitung von	nach
1	Zündspule	Zündunterbrecher
4	Zündspule	Zündverteiler oder Zündkerze
15	Zündanlaßschalter (Zündschalter)	Zündspule
15/54	Zündanlaßschalter (Zündschalter)	Tagesverbraucher über Sicherungen
30	Batterie, Pluspol	Anlasser, Zündanlaß- und Lichtschalter
31	Batterie, Minuspol	Fahrgestellmasse
50	Zündanlaßschalter (Anlaßdruckknopf)	Magnetschalterspule am Anlasser
B+/51	Reglerschalter	Batterie, Pluspol, Klemme 30
56	Lichtschalter (Taste)	Abblendschalter
56a	Abblendschalter	Fernlichtfaden über Sicherung
56b	Abblendschalter	Abblendfaden über Sicherung
58	Lichtschalter (Taste)	Schluß- und Parklicht über Sicherungen
(D+)/61	Regler-Ladekontrolle	Ladeanzeigelampe und Lichtmaschinen-Anker
DF/67	Regler	Lichtmaschine, Feldwicklung
15	Zündung Klemme 15 über Sicherung	Spannungsregler DLM
86/87	Zündung Klemme 15 über Sicherung	Ladekontrollrelais f. DLM
67 (DF)	Spannungsregler (DLM)	Felderregung (DF) DLM
85 (MP)	Stern-(Mittel-)Punkt DLM	Ladekontrollrelais (DLM)
30/51	Ladekontrollrelais (DLM)	Ladekontrollampe

Tafel 7.6.   *Vergleich wichtiger Klemmenbezeichnungen verschiedener Hersteller bzw. Länder*

	DDR (Bosch mit geringer Abweichung)	UdSSR (VRP)	ČSSR	Delco-Remy	Ducel-lier	Lucas	Marelli
Zündspule	15	Б-BK	15	+	BAT	SW	+B
Gleichstrom-lichtmaschine (GLM)	D+/61	Я(−), (+)	D(−),(+)/30	A	Dyn	D	D
	DF/67	Ш/67	M	F	Exc	T	67
Regler für GLM	D+/61	Я	D	GEN	Dyn	D	51
	B+/51	Б	B	BAT	BAT	B	30
	DF/67	Ш	M	F	Exc	T	67
Drehstrom-licht-maschine (DLM)	B+/30	Б	B		BAT	B	30
	(D+/61 Bosch)	−	(R)				61
	DF/67	Ш	M	F	Exc	T	67
	Mp/85	G	R				
Regler für DLM	15 (D+/61, Bosch)	$Б_3$/15	15/B+(54)				
	DF/67	Ш/67	M(DF)				
	D+/61 (Bosch)	−	D+				
Ladekon-trollrelais für DLM	86/87	Б-BK	15/B+				
	30/51	Б	B				
	85	G	R				
	31	M	31				
Masse (−)	31	M	31				

Hinweis:

Bei Arbeiten an elektronischen Zündanlagen muß besonders beachtet werden, daß die verschiedenen Anlagenteile gefährliche hohe Spannungen führen – so z. B. auch die sog. Niederspannungs- (Primär-)Seite der Anlage!

Bei allen Arbeiten ist daher die Zündung auszuschalten bzw. die Batterie abzuklemmen.

Bei Thyristorzündungen kann am Ladekondensator noch lange Zeit nach dem Abschalten eine hohe Spannung vorhanden sein!

7.4.2.   Entstörung der Zündanlage

Die Entstörung beginnt am einfachsten mit der Montage von vollgeschirmten oder teilgeschirmten Zündkerzensteckern. An der Zündspule, Klemme 4, ist eine Entstörmuffe oder ein Entstörstecker anzubringen. Wenn das Fahrzeug einen Verteiler hat, sind an allen Anschlüssen Entstörmuffen oder Verteilerentstörstecker anzubringen, soweit vorhanden, ist ein entstörter Verteilerläufer anstelle eines Bauteils am Kabelanschluß der Zuführung zu verwenden, zusätzlich können Widerstandszündleitungen eingebaut werden.

An Klemme 15 der Zündspule ist ein geeigneter Kondensator (etwa 2,5 μF) anzuschließen. In schwierigen Fällen ist die Verwendung einer Kombination aus Elektrolyt- und MP-Kondensator zweckmäßig.

Klemme 1 der Zündspule wird im allgemeinen nicht mit Entstörmitteln beschaltet; bei Störungen im UKW-Bereich kann jedoch ein Durchführungskondensator von etwa 5 000 pF oder ein Filter Verbesserungen bringen. Das gilt in gleicher Weise auch für Klemme 1 am Verteiler (Unterbrecherkontakt).

In sehr schwierigen Entstörfällen und bei Kunststoffkarosserien ist eine vollständige Abschirmung der Zündanlage erforderlich. Gelegentlich werden Widerstandskabel (Zündkabel) mit Graphitseele angeboten (Ausland). Diese Kabel sind jedoch sehr störanfällig, da unkontrollierbare Unterbrechungen auftreten können, die dann selbst eine Störquelle sind. Die Verwendung solcher Widerstandskabel ist nicht zu empfehlen. Nach Abschluß der Entstörungsarbeiten ist es empfehlenswert, alle Zündleitungen mit einem Ohmmeter durchzumessen, um festzustellen, ob alle Bauelemente auch gut kontaktiert sind und z. B. die Schraub- oder Stiftkontakte nicht etwa nur im Isoliermaterial befestigt sind.

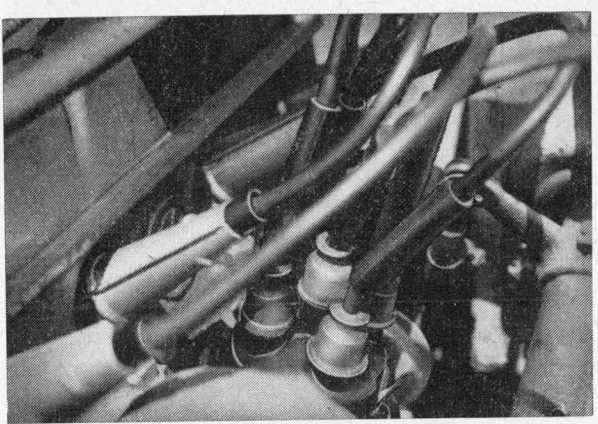

Bild 7.23. Entstörung der Hochspannungsseite einer Zündanlage mit Verteiler durch teilgeschirmte Zündkerzenentstörstecker und Entstörmuffen

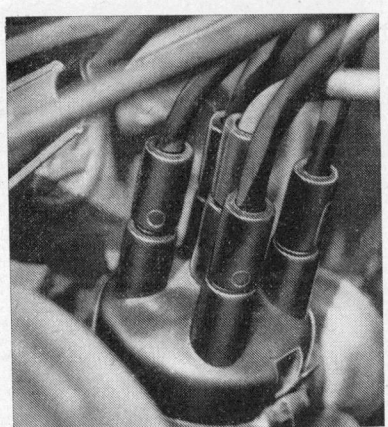

Bild 7.24. Entstörung der Hochspannungsseite einer Zündanlage mit Verteiler durch teilgeschirmte Zündkerzenentstörstecker und Verteilerentstörstecker für alle Wellenbereiche

Bild 7.25. Zündspule mit Entstörkondensatoren, für alle Wellenbereiche entstört

Bild 7.23 zeigt die normal entstörte Hochspannungsseite einer Verteilerzündanlage mit teilgeschirmten Zündkerzensteckern und Entstörmuffen für den Lang-, Mittel- und Kurzwellenbereich. Im Bild 7.24 ist die für alle Wellenbereiche entstörte Zündspule mit Durchführungskondensatoren an den Klemmen 15 und 1 und einem zusätzlichen Parallelkondensator an Klemme 15 dargestellt.

Bei der Entstörung ist auch zu beachten, ob es sich bei den Zündspulen um Klein-, Normal- oder Hochleistungszündspulen handelt oder um eine elektronische Zündung. In aller Regel gilt, daß eine erhöhte Zündenergie auch zu erhöhter Störenergie führt.

Bei Import-Kfz hat vielfach auch ein Austausch der Originalzündspule gegen den DDR-Typ C 12, TGL 71-1071, Kenn-Nr. 8352-3/08, zu erheblicher Störverringerung geführt, ohne daß die Originalzündspulen funktionell fehlerhaft waren.

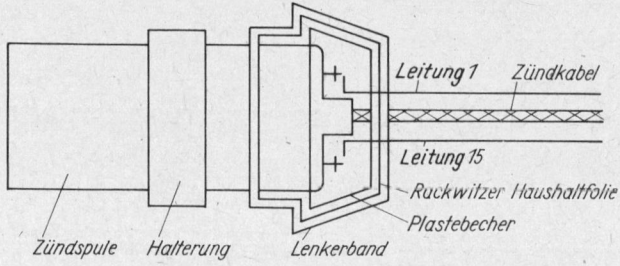

Bild 7.26. Schirmung von Zündspulen mittels Alu-Folie, Isolation durch Plastbecher

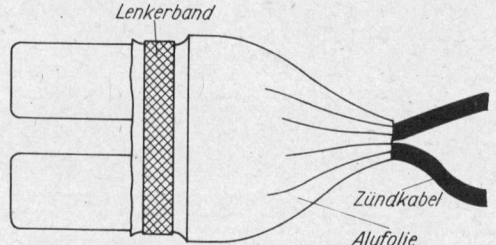

Bild 7.27. Schirmung von Zündspulen mittels Alu-Folie, Isolation der Klemmen durch Kappen und Umwicklung

Sind alle genannten Bauteile für die Zündungsentstörung montiert und noch Störungen vorhanden, ist Teilabschirmung von Verteiler und Zündspule vorzunehmen (s. dazu auch Abschn. 7.3.). In Selbsthilfe kann man über die bereits gegebenen Hinweise hinaus auch noch sehr vereinfacht bei der Schirmung von Zündspulen und Leitungen folgendermaßen vorgehen: Man sorgt an den Kontakten der Zündspulen für einwandfreie und sichere Isolation (sonst Kurzschluß- und evtl. Brandgefahr!). Entweder verwendet man dazu einen Plastbecher mit entsprechenden Bohrungen für die Kabeldurchführungen, oder man bringt z. B. Gummikappen an und umwickelt diese zusätzlich mit Plast- und Isolierband, das letztlich noch mit Lack bestrichen wird. Danach bringt man die Abschirmung, z. B. Alu-Folie (mehrere Lagen aus Stabilitätsgründen), auf, z. B. Rackwitzer Haushaltsfolie. Diese wird ebenfalls durch Umwickeln mit Lenkeroder Isolierband und mit Lackauftrag befestigt und gesichert (Bilder 7.26 und 7.27).

Für die Schirmung der Zündkabel kann man hilfsweise z. B. auch das Ge-

120

flecht von koaxialen Fernsehantennenkabeln verwenden, das sich nach Aufschneiden der äußeren Isolation in kurzen benötigten Längen abziehen läßt. Dieses Geflecht muß möglichst dicht sein, es darf nicht lackiert werden. Besser sind jedoch extrem dichte Gewebeschläuche aus verzinnten Einzeldrähten. Im Endeffekt ist so eine vereinfachte Vollschirmung der Zündanlage mit ausreichendem Effekt zu realisieren.

Problematisch ist natürlich dabei eine gute Kontaktierung aller Schirmungsteile, entsprechende Armaturen (außer dem Bausatz für Trabant) aus Industrieproduktion stehen in der DDR derzeit im Einzelhandel nicht zur Verfügung.

7.5.   Entstörung der Lichtmaschine und des Reglers

Zum Verständnis der in diesem Abschnitt angeführten Klemmenbezeichnungen können die Tafeln 7.5 und 7.6 des Abschnittes 7.4. genutzt werden.

7.5.1.   Aufbau der Lichtmaschine und des Reglers

7.5.1.1.   Gleichstromlichtmaschine (GLM)

Bild 7.28 zeigt die Schaltung Lichtmaschine – Kontaktregler einer plusgesteuerten Lichtmaschine. Die Bezeichnung „plusgesteuert" ist darauf zurückzuführen, daß die Feldwicklung der Lichtmaschine mit einem Ende am Minuspol (Masse) liegt und die Klemme DF die geregelte Spannung über den Regler vom Pluspol erhält.

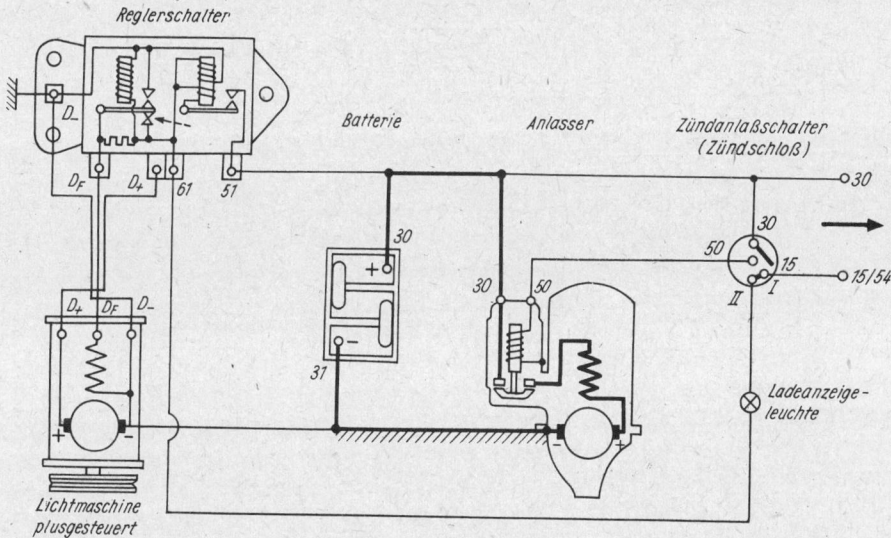

Bild 7.28. Elektrische Schaltung von Lichtmaschine, Regler, Batterie und Anlasser (Lichtmaschine plusgesteuert)

Bei der Regelung der Lichtmaschine wird der Feldwicklung ein veränderlicher mittlerer Strom zugeführt. Der Reglerkontakt hat drei Schaltmöglichkeiten:

1. direkte Anschaltung des Lichtmaschinenanschlusses DF an D+
2. beim Abheben des Kontakts Anschaltung von DF an D+ über einen Vorwiderstand
3. Kurzschluß der Feldwicklung (DF an Minus).

Der Reglerkontakt wird von einer stromdurchflossenen Spule gesteuert. Er wird um so stärker angezogen, je stärker das Magnetfeld, also je größer die Lichtmaschinenspannung ist. Die Gegenspannung des Reglerkontakts wird durch eine Feder erzeugt. Der Kontakt des Reglers schwingt abhängig von der Lichtmaschinenspannung (der Drehzahl!) und dem Ladezustand der Batterie zwischen seinen Schaltzuständen hin und her und bewirkt damit die Regelung des mittleren Ladestroms. Das Kontaktfeuer am Reglerkontakt ist die Ursache von Funkstörungen; die Störquelle in der Lichtmaschine ist das Kollektorfeuer.

Die Kraftfahrzeuge Trabant und Wartburg haben eine plusgesteuerte Lichtmaschine.

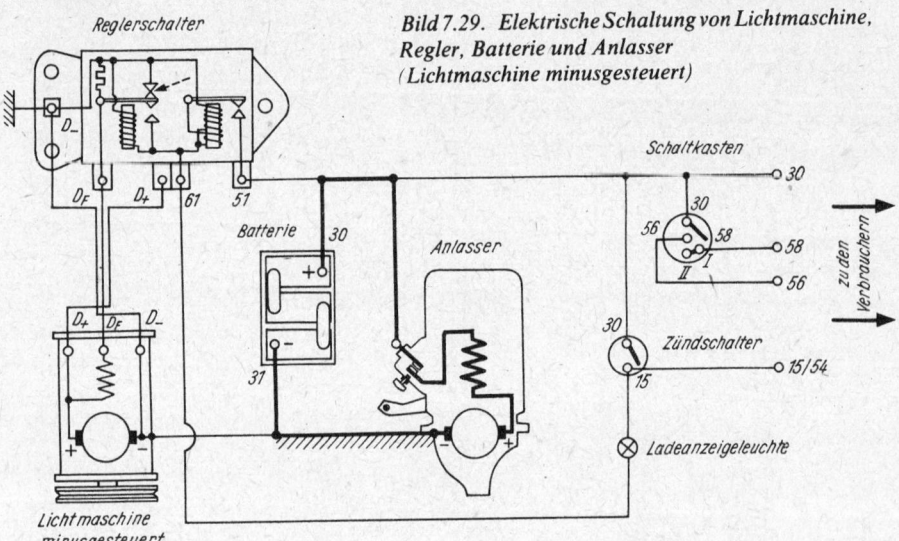

Bild 7.29. Elektrische Schaltung von Lichtmaschine, Regler, Batterie und Anlasser (Lichtmaschine minusgesteuert)

Die Schaltung einer minusgesteuerten Lichtmaschine (Bild 7.29) unterscheidet sich von der plusgesteuerten dadurch, daß die eine Seite der Feldwicklung am Pluspol liegt und die Klemme DF die geregelte Spannung über den Regler vom Minuspol erhält. Bild 7.29 zeigt die Schaltung einer minusgesteuerten Lichtmaschine. In ihrer Wirkung sind beide Schaltungen vollkommen gleichwertig.

7.5.1.2. Drehstromlichtmaschine (DLM)

Drehstromlichtmaschinen werden bei neueren Fahrzeugtypen fast ausschließlich verwendet. Ihr wichtigster Vorteil besteht darin, daß sie bereits im Leerlauf des Motors Strom liefern und eine wesentlich höhere Leistung als Gleichstrommaschinen abgeben. Es bestehen grundsätzlich bauliche Unterschiede.

Während bei Gleichstrommaschinen der Verbraucherstrom im Anker (Rotor) erzeugt, vom sich gleichzeitig drehenden Kollektor mit Kontaktlamellen gleichgerichtet und über die Kohlebürsten abgenommen wird, erfolgt die Stromerzeugung bei Drehstromlichtmaschinen im Ständer (Stator) in einer ruhenden Wicklung. Die Gleichrichtung geschieht mittels Halbleiterdioden, und der Strom wird an festen Klemmen (ohne Kohlebürsten) abgenommen. Im Anker von DLM wird das Magnetfeld (das sich dreht) durch den Erregerstrom erzeugt. Dem Anker wird daher nur der relativ geringe Erregerstrom über Schleifringe (im Gegensatz zum Lamellenkollektor) zugeführt, an denen kaum Kontaktfunken entstehen.

Aus Gründen höherer Wirtschaftlichkeit werden bei den DLM im Stator drei Wicklungen (um 120° versetzt) angeordnet, in denen jeweils ein Wechselstrom mit 120° gegenseitiger Phasenlage (Drehstrom) erzeugt wird. Die drei Wicklungen werden zusammengeschaltet (meist Sternschaltung), und der so vorhandene Drehstrom wird mittels Dioden in Drehstrombrückenschaltung (6 Dioden) gleichgerichtet, so daß er am Plusanschluß und Minusanschluß (Masse) der Maschine zur Verfügung steht. Auch bei der elektrischen Bauart gibt es Unterschiede. So werden teilweise (bei großen, leistungsfähigen Maschinen) die Anschlüsse des Wechselstroms aus der Maschine herausgeführt. Die Gleichrichtung wird mit einem separaten (Brücken-) Gleichrichter vorgenommen. Bei PKW-Maschinen sind i. allg. die Dioden in der Maschine bereits eingebaut. Eine Besonderheit bilden die Erregung von DLM und die Stromerzeugungskontrolle (Ladekontrolle bzw. Ladekontrollampe).

Während bei Gleichstromlichtmaschinen ohne weiteres eine völlige Selbsterregung erfolgt, ist das bei DLM nicht ohne weiteres möglich.

Auch bei DLM ist ebenso wie bei GLM eine Remanenz (Restmagnetismus im Erreger ohne Erregerstrom) vorhanden, die bei Antrieb der Maschinen eine Spannung induziert; während aber bei GLM diese geringe Spannung sofort zur Erhöhung des Erregerstromes und damit zur Selbsterregung führt, muß bei DLM erst die doppelte Schwellspannung (Durchlaßspannung) der Halbleiterdioden (weil immer zwei Dioden in Reihe geschaltet sind) überschritten werden, ehe ein Strom fließen kann. Das aber ist erst bei sehr hohen Drehzahlen prinzipiell möglich, und deshalb muß bei DLM eine Fremderregung (durch die Batterie) oder eine sog. Vorerregung (z. B. über die Ladekontrollampe bei entsprechendem System – z. B. Bosch) erfolgen.

Der Regler für DLM arbeitet im Prinzip in gleicher Weise wie bei GLM, er hat auch eine ähnliche Klemmenanordnung (und ähnliche Klemmenbezeichnungen). Es gibt elektromechanische (Kontakt-) Regler und teil- oder vollelektronische Regler. Vollelektronische Regler erzeugen zumeist keine Störungen, Kontakte in Reglern erzeugen dagegen Störungen. Bei modernsten DLM ist auch der Regler bereits im Gehäuse mit eingebaut (und entstört, soweit erforderlich).

Eine Besonderheit bei DLM ist die Ladekontrolle bzw. -anzeige (Stromerzeugung der Maschine)!

Bild 7.30 zeigt das System der in der DDR in PKW überwiegend anzutreffenden DLM-Anlagen. Die DLM und der Regler bieten keine Besonderheiten. Eine Ladeanzeige ist aber nicht ohne weiteres (wie bei GLM) möglich. In einigen Fällen (Moskwitsch, Wolga) erfolgt die Ladeanzeige optimal durch ein Amperemeter in der Batterieleitung, in vereinfachten Fällen auch analog wie bei GLM durch eine Ladekontrollampe. Dies geht nicht ohne weiteres; es muß ein sog. Ladekontrollrelais verwendet werden, das die Ladekontrollampe schaltet (Leuchten der Lampe ≙ Fehlanzeige). Das Ladekontrollrelais wird bei entsprechenden DLM durch Anschluß an Batterie-Plus (genauer Klemme 15) und den Stern- (Mittel-) Punkt der DLM-Ständerwicklung gesteuert (Relais zieht bei Stromabgabe der DLM an und unterbricht Lampenanzeige). Solche DLM müssen einen Anschluß an der Maschine für den Mp-Anschluß (Klemme 85 des Relais) haben. Die Fremderregung der DLM erfolgt nach Bild 7.30 von der Batterie über den Zündschalter (Klemme 15) und den Spannungsregler, so daß sofort bei Anlaufen die Stromabgabe möglich ist.

Bild 7.31 zeigt ein anderes DLM-System (z. B. Bosch und Skoda 120 LS ab Baujahr 1981 mit vollelektronischem Regler sowie auch Wartburg 353 W ab Juli 1981) in sehr vereinfachter einpoliger Darstellung (tatsächlich sind natürlich in der Maschine drei Statorwicklungen, sechs Gleichrichterdioden und drei Erregerdioden enthalten).

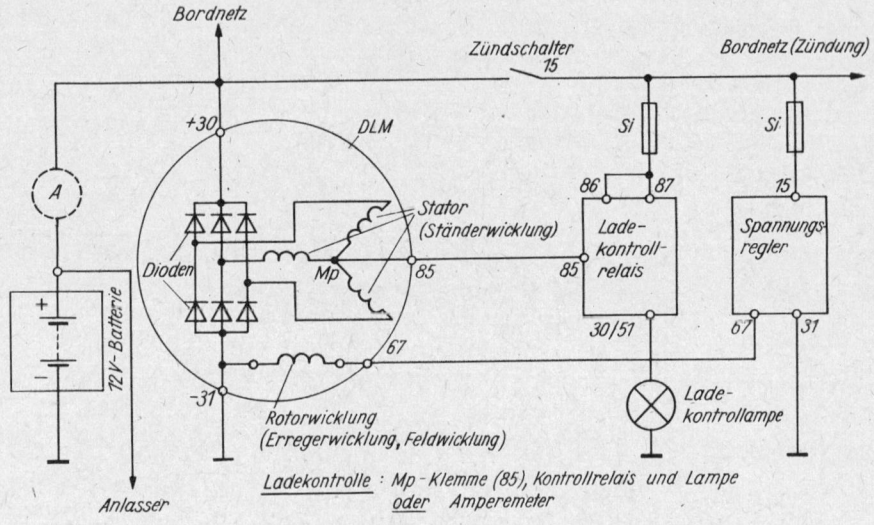

Bild 7.30. Drehstromanlage mit Mp-Anschluß an der DLM und Ladekontrolle durch Lampe und Kontrollrelais (oder Amperemeter)

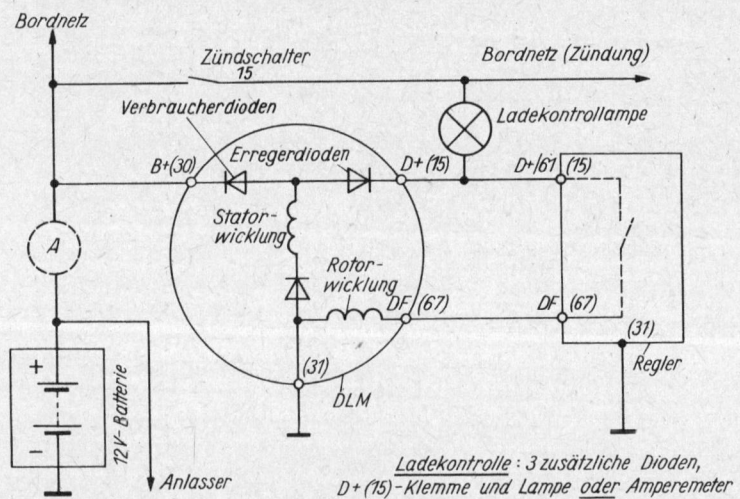

Bild 7.31. Drehstromanlage mit Erregerdioden und Anschluß D+ an der DLM für Ladekontrolle durch Lampe (oder Amperemeter)

Solche DLM haben keine äußere Klemme für den Mp-Anschluß und sind hinsichtlich der Ladekontrolle mit Lampe analog den GLM zu gebrauchen (Austauschbarkeit!).

Sie benötigen jedoch für den Anschluß D+ drei zusätzliche sog. Erregerdioden. Die Ladekontrollampe wird damit wie bei GLM geschaltet, und hierbei erfolgt über die Kontrollampe bei niederer (Anlauf-)Drehzahl die Vorerregung.

Der Regler bietet keine Besonderheiten. Ein Ladekontrollrelais ist nicht erforderlich. Die Stromentnahme erfolgt an der Klemme B+ der DLM. Auch in solchen DLM kann der Regler im Gehäuse mit untergebracht sein.

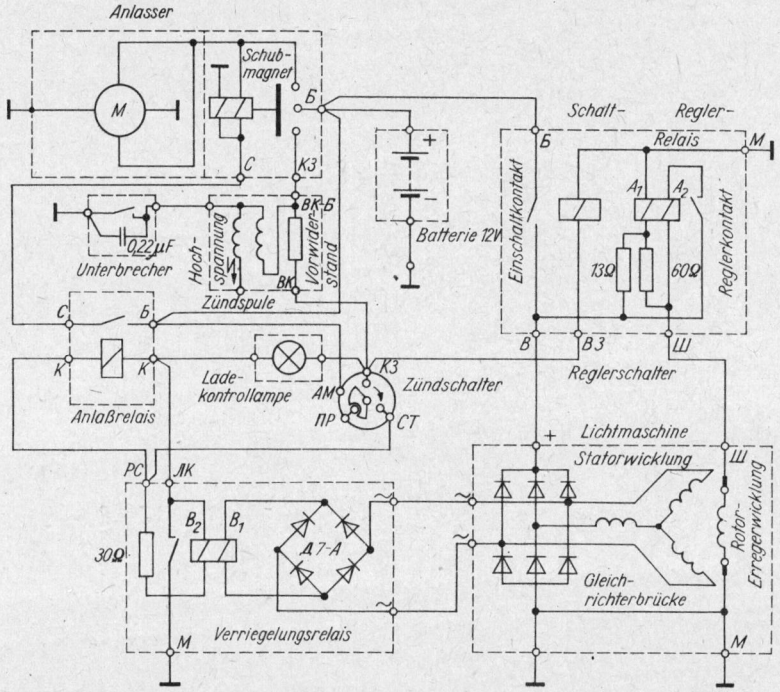

Bild 7.32. Schaltung der Drehstromanlage des Saporoshez 966/968 mit Verriegelungsrelais (wechselstromgespeist), das erneutes Starten bei Motorlauf verhindert und gleichzeitig die Ladekontrollampe steuert

Bild 7.32 zeigt in weiterer Abweichung der Standardausführung die Drehstromanlage des Saporoshez 966/968. Die DLM hat einen externen Gleichrichter für die Steuerspannungen des Verriegelungsrelais und der Ladekontrolle.

7.5.2. Entstörung der Lichtmaschine

7.5.2.1. Entstörung der Gleichstromlichtmaschine (GLM)

An die Klemme D+ ist ein Kondensator geeigneter Bauform mit Werten von 0,5 bis 4 µF anzuschalten. Für einige Lichtmaschinentypen wird eine Kapazität von maximal 0,5 µF zugelassen; diesbezügliche Hinweise sind zu beachten.

Da die Feldwicklung der plusgesteuerten Lichtmaschinenseite einseitig an Massepotential liegt, gehen von dieser in den seltensten Fällen Störungen aus. Erforderlichenfalls ist ein Kondensator von 5 000 pF an die Klemme DF zu schalten. Auch hier bestehen für einige Lichtmaschinentypen Einschränkungen; eine Gesamtkapazität von 10 000 pF an den Klemmen DF von Regler und Lichtmaschine ist jedoch in jedem Fall als zulässig anzusehen. Gegebenenfalls muß ein Filter verwendet werden.

Bei der minusgesteuerten Lichtmaschine wird Klemme D+ in gleicher Weise wie bei der plusgesteuerten entstört. Es ist empfehlenswert, an die Klemme DF einen Kondensator oder ein Filter anzuschließen, da die Feldwicklung in der Lichtmaschine an die Klemme D+ geschaltet ist (evtl. Hinweis auf maximal zulässige Kapazität beachten!).

Bild 7.33
Für alle Wellenbereiche entstörte Lichtmaschine
Links ist der Anschluß für die Feldwicklung und rechts die Klemme D zu sehen (GLM)

Bild 7.33 zeigt eine für alle Wellenbereiche entstörte Lichtmaschine (GLM). Ein Durchführungskondensator von 5 000 pF wird an Klemme DF und einer von 1 µF an Klemme D angebracht. Wenn im Lang- und Mittelwellenbereich noch Störungen auftreten, kann man die Klemme D, z. B. auch die im Bild 7.17 dargestellte Kombination verwenden.

7.5.2.2. Entstörung der Drehstromlichtmaschine (DLM)

Störungen der DLM äußern sich als drehzahl- und lastabhängiges Pfeifen oder Heulen im Empfänger, verursacht durch starke Oberwellenbildung der wechselstrombedingten Stromspitzen in den Dioden.

Allgemein wird der Plusanschluß (Klemme 30, B+) der DLM mit einem Kondensator, z. B. 2,5 µF entstört.

Ist eine Klemme Mp (85) vorhanden, muß zumeist auch an diese ein Kondensator (2,5 µF) angeschaltet werden. Erforderlichenfalls ist an Klemme 67 (DF) ein Filter anzuschalten. Bei vorhandener Klemme D+ ist erforderlichenfalls auch hier ein Kondensator 0,2 bis 3 µF anzuschließen.

Äußert sich das Pfeifen der DLM auch im Niederfrequenzbereich (Kassettengeräte), muß ein Elektrolytkondensator hoher Kapazität verwendet werden. Da bei einem Durchschlag des Elkos aber keine Absicherung besteht, empfiehlt es sich, diesen evtl. am Batterieanschluß des Gerätes über eine Sicherung einzubauen. Reicht diese Maßnahme noch nicht aus, dann muß noch eine NF-Dros-

sel vor dem Elektrolytkondensator in die Stromversorgungsleitung zwischengeschaltet werden. Auch über ungenügend abgeschirmte Tonköpfe von Kassettengeräten können solche Störungen hörbar werden. Abhilfe ist durch Wahl eines
günstigeren Montageortes möglich.

7.5.3. Entstörung des Reglers

Wegen der ständigen Schwingung des Reglerkontakts (bei elektromechanischen
Reglern) gehen vom Regler relativ starke Störungen aus. Elektronische Regler
können verschiedenartig oder auch nicht stören.

Eine gute Entstörung ist nur dann zu erreichen, wenn alle Klemmen des Reglers mit Entstörmitteln beschaltet werden. Die Klemme D+/61 ist mit einem
Kondensator von etwa 0,5 bis 4 µF zu beschalten. Es ist zu beachten, daß für
manche Typen nur ein maximaler Wert von 0,5 µF zugelassen wird. Die
Klemme DF ist mit einem Kondensator von maximal 5 000 bis 10 000 pF oder
einem Entstörfilter zu beschalten. An die Klemme B+/51 (bei GLM, bei DLM-
Reglern Klemme 15) kommt ein Kondensator von etwa 2,5 µF.

Die Entstörung des Reglers ist mit Verbundentstörmitteln besonders einfach.

Besondere Bedeutung kommt der metallischen Verbindung der Reglerschutz-
kappe bzw. des gesamten Reglers mit Masse zu (Verhinderung von Störabstrahlung!).

Die Leitung zwischen den Klemmen 67/DF und evtl. die Wechselspannung
führenden Leitungen (Bild 7.32) sind bei starken Störungen abzuschirmen.

Nach Abschluß der Regler- und Lichtmaschinenentstörung ist die einwandfreie Funktion mittels Strom- oder Spannungsmessung zu überprüfen.

7.5.4. Wichtige Hinweise zu Arbeiten an Drehstromausrüstungen

Bei Arbeiten an Drehstromanlagen ist gegenüber Anlagen mit GLM einiges zu
beachten, will man nicht Gefahr laufen, wichtige (und teure) Teile zu zerstören
(Halbleiterbauteile), die z. T. recht empfindlich sind. Darüber sollte eigentlich
jeder Kraftfahrer informiert sein, auch wenn er nicht selbst an solchen Anlagen
tätig wird.

Manche Hersteller bestehen nicht auf der Einhaltung aller im folgenden ge-
nannten Forderungen. Solche Zugeständnisse gelten aber nicht allgemein.
– Die Batterie muß stets mit richtiger Polarität angeschlossen werden. Auch
  kurzzeitig falsches Berühren der Pole kann zu Zerstörungen von Halbleitern
  (Dioden, Transistoren, Schaltkreisen) führen.
– Bei laufender DLM niemals Batterie abklemmen oder sonstige Verbindungen
  lösen.
– Bei Starthilfe durch eine zweite Batterie darf die eingebaute Batterie nicht abgeklemmt werden – Hilfsbatterie parallelschalten.
– Ein Anrollen oder Anschieben bei leerer Batterie ist wegen fehlender Selbsterregung der DLM nicht möglich (nur mit Hilfsbatterie – wie vorstehend).
– Beim Nachladen von Batterien mit Netz-Ladegeräten stets einen Pol der Batterie von der Anlage des Kfz abklemmen (Schnelladegeräte dürfen beim An-
  lassen nicht zugeschaltet sein).
– Die Zündung sollte bei stehendem Motor nicht länger als 2 bis 3 Minuten eingeschaltet bleiben, da auch die DLM-Erregung voll unter Batteriespannung
  steht.

– Kontrollgeräte müssen bei Stillstand des Motors fest angeschlossen werden – Klemmen (Schnellspannklemmen, Klips) sollten nicht verwendet werden, da sie leicht abfallen und dadurch zu Defekten führen können. Dabei muß die Batterie vorher abgeklemmt werden.

– Elektroschweißen am Fahrzeug oder (angehängten) Anhängern ist nur zulässig, wenn vorher die Batterie (einpolig) abgeklemmt wurde und sämtliche DLM- und Regler-Anschlüsse abgeklemmt, gegenseitig kurzgeschlossen und mit Masse verbunden worden sind.

7.6. Was sonst noch zu beachten und zu entstören ist

7.6.1. Scheibenwischer

Die elektrische Schaltung eines üblichen Scheibenwischers mit Endabschaltung zeigt Bild 7.34. Scheibenwischermotoren ohne Endabschaltung bieten keinerlei Besonderheiten gegenüber üblichen Elektromotoren. Vereinzelt sind auch Scheibenwischeranlagen mit elektronischen oder Bimetallkontakt-Pausenschaltung zu finden, die den Scheibenwischer in Abständen von einigen Sekunden bis zu etwa einer Minute (einstellbar) anlaufen lassen.

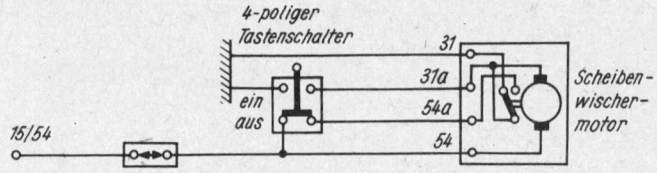

Bild 7.34. Elektrische Schaltung eines Scheibenwischers mit Endschalter

Scheibenwischer verursachen im allgemeinen keine Störungen; lediglich im UKW-Bereich können Störungen auftreten. Zur Entstörung werden an alle Anschlußklemmen, außer Klemme 31, Entstörkondensatoren zwischen 0,1 und 3 μF oder Entstörfilter angeschaltet. Klemme 31 soll direkt an Masse gelegt werden. Für eine gute Masseverbindung des Scheibenwischergehäuses ist zu sorgen.

Eine elektronische Pausenschaltung braucht im allgemeinen nicht entstört zu werden. Eine Bimetallkontakt-Pausenschaltung kann durch Überbrücken des Kontakts mit einem Funkenlöschkondensator (Kondensator und Widerstand) entstört werden. Erforderlichenfalls ist die gesamte Schaltanordnung abzuschirmen, und die störenden Leitungen sind über Filter herauszuführen.

Problematisch wird die Entstörung von Scheibenwischern, wenn die Einbaustelle nicht oder sehr schlecht zugänglich ist. In solchen Fällen kann versucht werden, die Zuleitungen abzuschirmen und Entstörmittel an zugänglichen Stellen anzubringen. Ein Erfolg kann nicht garantiert werden, jedoch lohnt sich der Versuch.

Sehr stark können Scheibenwischermotoren stören, wenn z. B. (elektronische) Frontscheibenantennen verwendet werden. In diesen Fällen werden unmittelbar vom Motor, dem Gestänge und den Wischerarmen Störungen auf die Antenne in geringem Abstand gestrahlt.

Hierzu sind besonders wirksame Maßnahmen notwendig. Bild 7.35 veranschaulicht den Aufbau und Einbau des erforderlichen Entstörfilters anhand des

Wischermotors im Trabant. Das Filter muß eingebaut und eine metallische Motorkappe verwendet werden.

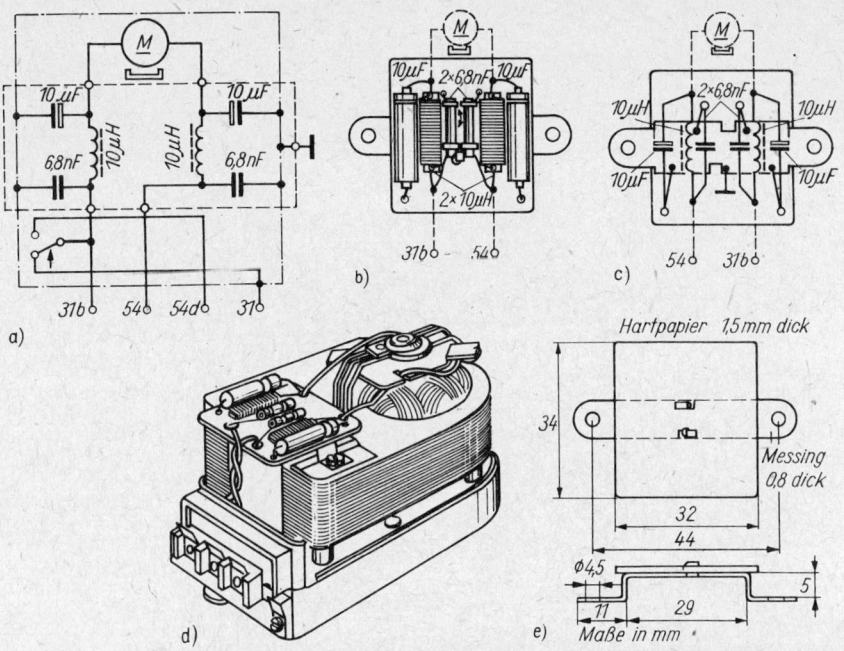

Bild 7.35. *Aufbau und Einbau eines Entstörfilters im Scheibenwischermotor (Beispiel Trabant)*
a) elektrische Schaltung; b) Aufbau und Anordnung der Bauelemente auf der Isolierplatte; c) Schaltung der Bauelemente auf der Isolierplatte; d) Anordnung des Filters auf dem Motor innerhalb der (Metall-)Kappe; e) Abmessungen der Isolierplatte

7.6.2. Gebläse

Der Aufbau weist keine Besonderheiten auf. Als Störquelle wirkt der Kollektor des Gleichstrommotors. Entstört wird mit Kondensatoren von etwa 1 bis 3 µF oder mit Filtern. Den besten Erfolg bringt der Einbau der Entstörmittel in das metallische Gehäuse des Motors. Ist der Einbau in das Motorgehäuse nicht möglich, so sollen die Entstörmittel jedoch so nah wie möglich an das Gehäuse angebaut werden (s. auch Filtereinbau für Scheibenwischer).

7.6.3. Anlasser

Der Anlasser (Bild 7.36) ist ein Gleichstromhauptschlußmotor. Er wird meist durch einen Magnetschalter eingeschaltet. Der Kollektor kann erhebliche Störungen verursachen. Der Anlasser wird im allgemeinen nicht entstört, da sich der Aufwand wegen der geringen Häufigkeit der Betätigung nicht lohnt. Beim Starten sollen ohnehin alle Stromverbraucher abgeschaltet sein. Selbst wenn das Empfangsgerät eingeschaltet bleibt, ist die kurzzeitige Störung ohne Bedeutung.

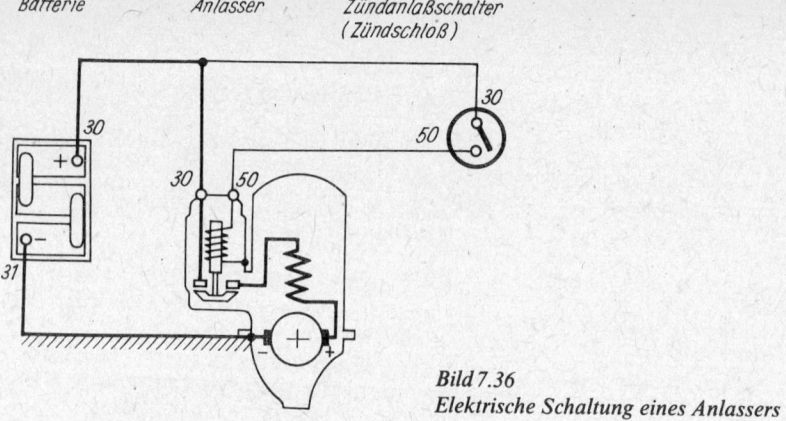

Batterie   Anlasser   Zündanlaßschalter
                        (Zündschloß)

Bild 7.36
Elektrische Schaltung eines Anlassers

7.6.4. Blinker

Bild 7.37 zeigt eine übliche Blinkerschaltung. Durch Aufheizen eines Drahtes wird dessen Länge verändert, und über einen durch ihn betätigten Kontakt wird der Strom für die Blinkleuchten in regelmäßigen Abständen unterbrochen. Der Kontaktfunke verursacht Störungen.

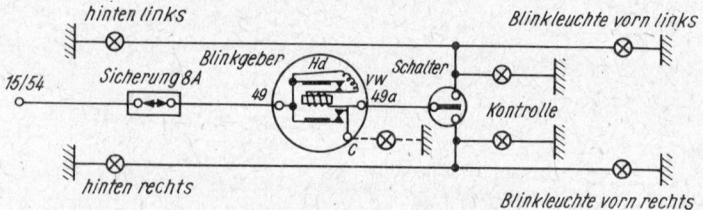

Bild 7.37. Elektrische Schaltung einer Blinkanlage

Zur Entstörung der Blinkgeberkontakte beschaltet man die Batterieanschlußklemme (Klemme 49) mit einem Kondensator von etwa 3 μF. In schwierigen Fällen müssen auch alle sonstigen Anschlußklemmen mit Kondensatoren von 1 bis 3 μF oder mit Filtern beschaltet werden.
Auf gute Masseverbindung der Abschirmkappe ist zu achten.

7.6.5. Elektrische Zeituhren

Elektrische Zeituhren verursachen jedesmal, wenn sie sich aufziehen, einen Störimpuls. Zur Entstörung kann ein Elektrolytkondensator von etwa 50 μF (auf Polarität achten!) oder ein geeignetes Filter verwendet werden.

7.6.6. Hupe

Die elektrische Hupe wird im Kraftfahrzeug im allgemeinen nicht entstört. Bei Zuschaltung von Kondensatoren wird die Tonlage der Hupe so verändert, daß sie nicht mehr den geltenden Vorschriften entspricht. Im übrigen wird die Hupe nur selten und in Gefahrensituationen betätigt.

7.6.7. Elektrische Benzinpumpen

Elektrische Benzinpumpen sind in einigen ausländischen Fahrzeugen und auch bei Benzinheizungen vorhanden. Sie werden mit einem Vorbeiführungs- oder Durchführungskondensator geeigneter Größe (1 bis 3 µF) entstört.

7.6.8. Weitere elektrische Einrichtungen

Die Einrichtungen sind nach den gegebenen grundsätzlichen Hinweisen zu entstören (Kondensatoren, Drosseln, Filter).

7.6.9. Statische Entladungen

Statische Entladungen an Rädern werden unschädlich gemacht, wenn die nicht angetriebenen Räder mit Radnabenkontakten versehen werden. Gegebenenfalls ist Reifenleitlack anzuwenden. Außerdem können Entladungen auftreten an Keilriemen, Kupplung, Antriebswellen, Achsen, Bremsbelag usw.

7.6.10. Getriebestörungen, Schaltgestängestörungen usw.

Diese Störungen sind meist durch Massebänder zu beseitigen. Erforderlichenfalls muß der Rat des Fahrzeugherstellers eingeholt werden.

7.6.11. Masseverbindungen

Masseverbindungen haben für die Kfz-Entstörung besondere Bedeutung. Metallische Schutzkappen oder Gehäuse müssen gut leitend mit Masse verbunden sein. Außerdem werden die Störspannungen über Kondensatoren nach Masse abgeleitet. Die Masseverbindungen müssen sehr widerstands- und induktivitätsarm sein. Man verwendet breite Kupfermassebänder entsprechenden Querschnitts.

Wenn für zwei oder mehrere Verbraucher (z. B. Autoradio und Scheibenwischer) eine gemeinsame Masseverbindung verwendet wird, können die vom Scheibenwischer verursachten Störungen über die gemeinsame Masseverbindung in das Rundfunkgerät eingekoppelt werden. Deswegen kann es notwendig sein, getrennte Masseleitungen zu verwenden.

Bild 7.38 zeigt das Prinzip dieser Störbeeinflussung über den Kopplungswiderstand der Masseleitung. Links im Bild befindet sich ein Verbraucherstromkreis (Radio) und rechts ein Störstromkreis (Scheibenwischer). Punkt 1 sei der Masseanschluß der Batterie und 2 der des Rundfunkgeräts und des Störers.

Zwischen den Masseanschlüssen 1 und 2 befindet sich immer ein Widerstand, an dem der Störstrom der Störspannungsquelle I_{ST} einen Störspannungsabfall erzeugt. Diese Störspannung wird am Verbraucher wirksam, auch wenn keine weitere Verbindung mit der Störspannungsquelle besteht.

Die übertragene Störspannung wird um so kleiner, je kleiner der Kopplungs-widerstand R_K wird. Man benötigt also Massebänder mit großem Querschnitt und gute Masseverbindungen.

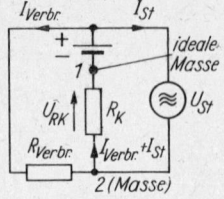

Bild 7.38. *Schaltung zur Demonstration der Übertragung von Störspannungen durch den Kopplungswiderstand (Massewiderstand)*

Wo und wie Massebänder anzubringen sind, ist den Entstöranweisungen für das jeweilige Fahrzeug zu entnehmen. Schwieriger wird es, wenn keine Entstör-anweisung zur Verfügung steht. In diesem Fall ist von folgenden Überlegungen auszugehen:
Für die Zündung gilt der Motorblock als ideale Masse. Die Metallkarosserie soll alle Störer abschirmen, damit möglichst keine Störenergie auf die Antenne gelangen kann. Damit die Karosserie ihre Abschirmwirkung erfüllen kann, muß sie gute Masseverbindungen zum Motorblock haben. Im allgemeinen sind diese Masseverbindungen bereits vorhanden (Batteriezuführung); erforderlichenfalls müssen weitere Massebänder montiert werden. Bewegliche oder abnehmbare Karosserieteile müssen mit einer Masseverbindung versehen sein.
Wenn sich die Zündspulen und Entstörkondensatoren an der Spritzwand oder dem Kotflügel befinden, so muß eine gute Masseverbindung zum Motorblock geschaffen werden (Bild 7.39). Manchmal genügt die Verwendung eines Entstör-kondensators mit getrennt herausgeführtem Masseanschluß, der mit dem Motor-block verbunden wird. In schwierigen Fällen können die isolierte Befestigung der Zündspule und die Verwendung eines Massebandes von der Zündspule zum Motorblock vorteilhaft sein.

Bild 7.39. *Masseband zwischen Zündspule am Kotflügel und Motorblock*

Die elektrische Verbindung der Motorhaube mit der übrigen Karosserie durch Gelenke oder Scharniere ist meist ungenügend. Ein Masseband, das die Motor-haube mit der Karosserie verbindet, ist im Bild 7.40 zu sehen. Das Masseband muß auf der Seite der Motorhaube angebracht werden, auf der sich die Antenne befindet. Ein zweites Masseband auf der anderen Seite kann vorteilhaft sein. Fahrzeuge mit nach vorn aufklappbarer Motorhaube, bei denen die Gelenke vorn am Kühler liegen, sollten in der Nähe der Antenne mit mehreren Masse-federn ausgerüstet werden, um gute Verbindungen zu gewährleisten. Punktge-schweißte Verbindungen garantieren nicht immer eine gute Hochfrequenzver-

a) unzureichender Querschnitt   b) ausreichender Querschnitt

Bild 7.40. Masseband zur Überbrückung eines Motorhaubenscharniers

bindung. In solchen Fällen ist die Entstörung schwierig; jedoch können auch hier Massebänder Abhilfe schaffen.

Masseverbindungen haben die Aufgabe, natürliche und künstliche Abschirmungen möglichst wirksam zu machen, aber auch mögliche Resonanzen – z. B. im UKW-Bereich – an metallischen Teilen (Gestänge, Seilzüge, Tachowellen usw.) durch Kurzschluß zu vermeiden bzw. in nicht störende Frequenzbereiche zu verlagern (Sekundärstrahlung durch Metallteile).

Aufgrund der sehr großen Bedeutung für die Entstörtechnik und der Komplexität wird der Problematik der Masseverbindungen an dieser Stelle entsprechend weiterer Raum gegeben. Als „Bezugsmasse" gilt grundsätzlich immer der Motorblock. Mit diesem müssen alle leitfähigen Teile am Kfz, alle Abschirmteile der elektrischen (elektronischen) Einrichtungen, Entstörkondensatoren, Entstörfilter, der Massepunkt der Antenne, der Masseanschluß des Empfängers (besonders wichtig bei Einbau in Konsolen!) usw. gut leitend verbunden sein. Nachträgliche Masseverbindungen bei der Entstörung werden also zu folgenden Hauptzwecken angebracht:

– Verbesserung der natürlichen Schirmung
  (metallische Karosserie und Fahrzeugaggregate),
– Verbesserung der (nachträglich) installierten Schirmung an Anlagen oder -teilen,
– Verhinderung von Sekundärstrahlung metallischer Fahrzeugteile,
– Ausgleich von Potentialunterschieden.

Die ordnungsgemäße Massekontaktierung (Blankmachen der Kontaktstellen, leichtes Einfetten, zusätzlich evtl. Zahnscheiben) aller an Masse anzuschließenden Bauteile ist zunächst eine selbstverständliche Voraussetzung für alle weiter genannten Maßnahmen.

Verbesserung der natürlichen Schirmung

Die Hauptstörquellen eines Kfz befinden sich im Motorraum. Bei metallischen Karosserien gelingt es recht einfach, die Störstrahlung nach außen (zur Antenne) relativ gut abzuschirmen, wenn man dafür sorgt, daß der Motorraum möglichst (HF-mäßig) dicht schließt.

Mit Hilfe kurzer Masseverbindungen muß ein möglichst geschlossenes System erzeugt werden, z. B. mit Verbindungen zwischen Motor und Chassis, Motor und Karosserie, Karosserieteilen (Motorhaube, angeschraubten Kotflügeln und Karosserie), Motor und Kühler, Motor und Spritzwand usw.

Je lückenloser dieses System ist, desto günstiger gelingt die Entstörung. Mit einem solchen System ist der Entstöraufwand an den Störern selbst viel kleiner zu halten als ohne solche natürliche Abschirmung bei Ganzmetallkarosserien.

Daneben muß verhindert werden, daß aus einem so geschlossenen Raum durch ins Fahrzeuginnere abgehende Metallteile (Drahtzüge, Tachowellen, Thermometerleitungen, Gestänge, abgeschirmte Leitungen usw.) Störungen verschleppt werden. Solche Teile (störverseuchte) müssen z. B. an der Spritzwand mit Massebändern mit Masse verbunden werden.

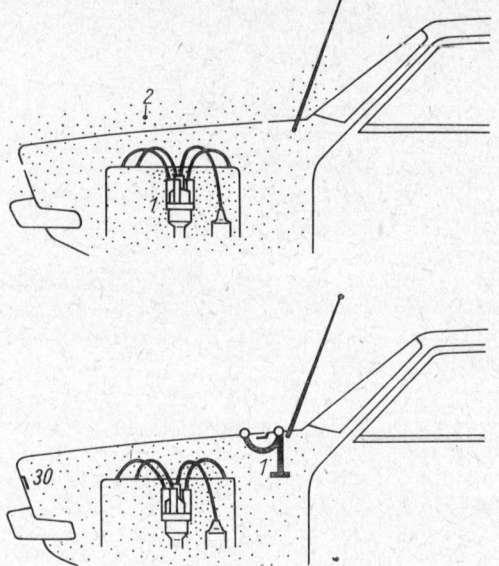

Bild 7.41
Ausbreitung des Störnebels aus dem Motorraum zur Antenne
1 Zündanlage
2 Sekundärstrahlung der Motorhaube ohne einwandfreie Masseverbindung

Bild 7.42. *Abschirmung und Verhinderung von Sekundärstrahlung durch die metallische Motorhaube und Masseverbindungen(1)(30)*

Die Bilder 7.41 und 7.42 veranschaulichen die (entstörungsgemäße) Schließung des Systems der natürlichen Schirmung durch Masseverbindungen an der Karosserie und zum Motorblock (Verhinderung undefinierter Ausgleichsströme und des Wirksamwerdens von Kopplungswiderständen (Bild 7.38) sowie Kurzschluß des „Sekundärstrahlers Motorhaube". Diese Schirmung darf an keiner Stelle unterbrochen sein! Man spricht in diesem Zusammenhang auch von der Eindämmung des sog. Störnebels.

Unter dem „Störnebel" ist exakt die Störfeldstärkeverteilung und -intensität zu verstehen. Diese muß z. B. bei der Antenne möglichst gering im Verhältnis zur Nutzfeldstärke der zu empfangenden Sender sein – damit ergibt sich ein hohes anzustrebendes Nutzsignal-Störsignal-Verhältnis (großer Störabstand). Dazu trägt allgemein auch eine große Antennenhöhe und -länge bei (bei LMK; bei UKW ist die Resonanz der Antenne maßgeblich beteiligt).

Verbesserung der installierten Schirmung

Alle an Anlagen und Anlagenteilen angebrachten Abschirmungen müssen gut leitfähig mit Masse (Motorblock) und untereinander verbunden sein (Massebänder). Letzteres gilt besonders für Teilabschirmungen, z. B. bei der Zündanlage. Auch hierfür gilt, daß die Schirmung an keiner Stelle unterbrochen sein darf. Voraussetzung ist natürlich, daß die installierte (Teil-) Abschirmung selbst HF-technisch in Ordnung ist, d. h. aus gut leitfähigem Material besteht (die Dicke der Schirmung ist wegen des Skin-Effekts aus elektrischer Sicht nicht von ausschlaggebender Bedeutung) und lückenlos ist – also keine Schlitze oder Trennfugen aufweist, aus denen Störenergie abgestrahlt wird. (Aus den Schlitzen der Motorhaube erfolgt deshalb trotz Massebändern oder -kontakten noch eine Reststrahlung auf die Antenne.)

Bei Teilschirmungen müssen Massebänder zum Verbinden der Teilschirmungen verwendet werden. Aus geschirmten Anlagen (-teilen) herausgeführte Leitungen müssen über Durchführungskondensatoren oder -filter geführt werden.

Leitungsstücke zwischen störendem Gerät und z. B. Entstörfilter (oder -kondensator) – wenn sie sich absolut nicht vermeiden lassen – müssen geschirmt und die Schirmung gut mit Masse kontaktiert sein (Masseband).

Die Antennenzuleitung (geschirmt) muß an der Antenne guten Massekontakt haben. Ist die Befestigungsstelle z. B. ein angeschraubter Kotflügel, so muß von diesem ein Masseband zur Karosserie bzw. zum Motorblock führen. Die Antennenzuleitung sollte im übrigen in möglichst großem Abstand vom Kabelbaum des Kfz und keinesfalls parallel zu Zündleitungen geführt werden. Beispielsweise ist von Drahtzügen usw., die aus dem Motorraum kommen, ausreichender Abstand zu halten.

Bei elektronischen Antennen muß in der Stromversorgungsleitung so nahe wie möglich an der Antenne ein Entstörkondensator (z. B. 2,5 µF) angebracht werden, der guten Massekontakt haben muß (evtl. geschirmte Stromversorgungsleitung, Schirm mit Masse verbinden).

Verhinderung von Sekundärstrahlung

Durch elektrische (elektrisches Feld) und magnetische (magnetisches Feld) Kopplung werden Störungen auf ausgedehnte metallische Teile (Drahtzüge, Gestänge, Schirmung von Leitungen, Tachowellen usw.) übergekoppelt, auch wenn diese keine direkte Verbindung zur Störquelle haben. In den Fällen, in denen die Länge solcher Teile $\lambda/4$ oder ein Vielfaches davon beträgt, entstehen Resonanz und eine sehr starke erneute Störabstrahlung (Sekundärstrahlung). Im UKW-Bereich beträgt diese Länge etwa 75 cm oder ein Vielfaches davon. Solche Resonanzen können u. a. besonders störend durch geschirmte Zündleitungen oder die Motorhaube ($\lambda/2$) auftreten. Mit Massebändern müssen diese Resonanzlängen so verändert werden, daß Resonanzen entweder nicht mehr auftreten oder in nicht störende Bereiche verlagert werden (Kurzschluß und Ableitung der Energie nach Masse).

Ausgleich von Potentialunterschieden

Durch nicht eindeutige Verbindungsstellen (Schraubenverbindungen, Punktschweißstellen, Lager usw.) können sich auf verschiedenen Fahrzeug- und/oder Karosserieteilen unterschiedliche Potentiale (Ladungen und Spannungen) ausbilden, die sich unkontrolliert verändern können (schwankende Übergangswiderstände). Sprunghafte Ausgleiche solcher Ladungen erzeugen Störungen − Verbindungen durch Massebänder schaffen Abhilfe. Ladungsausgleiche durch Reibungselektrizität u. a. an Reifen und Keilriemen werden durch Leitlacke verhindert.

Anordnung von Massebändern

Grundsätzlich müssen Massebänder so kurz wie möglich sein, um nicht neue Sekundärstrahlung zu erzeugen.

Durch Versuche muß festgestellt werden, wo Massebänder eine Verbesserung der Entstörung erbringen. Die im folgenden angegebenen Stellen wurden bisher an verschiedenen Fahrzeugtypen bereits ermittelt und können in diesem Zusammenhang als grundlegende Hinweise gelten (Bild 7.43).

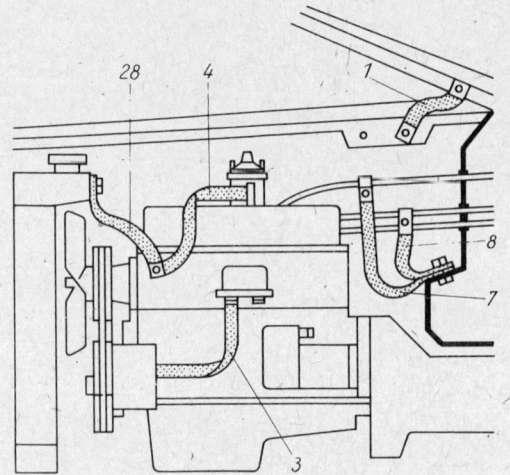

Bild 7.43. Beispiele von Massebandanordnungen im Motorraum

1 Motorhaube/Karosserie
3 Lichtmaschine/Regler
4 Motor/Zündspule
7 Spritzwand/Tachowelle
8 Spritzwand/Drahtzüge + Rohrleitung
28 Kühler/Motor

Einige Hinweise sind auch in Tafel 12.2 (s. Anhang) für die in der DDR verbreiteten PKWs gegeben. Die Ziffern entsprechen der folgenden Aufstellung der bisher als notwendig oder vorteilhaft ermittelten Masseverbindungen.

Masseband von

① Motorhaube   → Karosserie (Spritzwand)

② Regler   → Motorblock

③ Regler   → Lichtmaschine

④ Zündspulenkondensator → Motorblock

⑤ Regler   → Karosserie

⑥ Fernthermometer   → Vorbau

⑦ Tachowelle   → Vorbau

⑧ Starterzug   → Vorbau

⑨	Kühlerbefestigung	→	Motorblock
⑩	Regler	→	Entstörkondensator
⑪	Zündspulenmasse	→	Luftfilter
⑫	Regler	→	Zündspule
⑬	Motor	→	Karosserie (Spritzwand)
⑭	Karosserie	→	Stabilisatorlager
⑮	Karosserie	›	Zündspule
⑯	Gebläse	→	Karosserie
⑰	Luftfilter	→	Ventiltriebabdeckung
⑱	Ventiltriebabdeckung	→	Motor
⑲	Spannungskonstanthalter	→	Karosserie
⑳	Vorderachse	→	Karosserie
㉑	Auspuffrohre	→	Karosserie
㉒	Kühler	→	Karosserie
㉓	Kühler	→	Zündspule
㉔	Getriebe	→	Lenkung
㉕	Lenkung	→	Karosserie
㉖	Motor hinten	→	Chassis
㉗	Motor vorn	→	Chassis
㉘	Motor vorn	→	Kühler (oben)
㉙	Getriebe	→	Karosserie
㉚	Motorhaube	→	Karosserie (Kontakte gegenüber den Scharnieren)

7.6.12. Gesonderter Empfangsgeräteanschluß an der Fahrzeugbatterie

Führen die Entstörmaßnahmen an den verschiedenen Störquellen selbst nicht zum gewünschten Erfolg, so besteht noch die Möglichkeit, mit einem gesonderten Anschluß des Empfangsgeräts an die Batterie Abhilfe zu schaffen, wenn die Störungen über den Stromversorgungsanschluß zum Gerät gelangen. Ob das d... Fall ist, kann man feststellen, wenn man den Antennenstecker aus der G... buchse zieht. Treten noch Störungen auf, so gelangen sie über die Str... tung in das Gerät.

In besonderen Fällen kann auch eine Einkopplung über Lautsprecherleitungen auftreten (Abhilfe: andere Verlegung oder Schirmung).

Bekannt geworden ist auch eine Einstreuung von Störungen über vorhandene Anschlußleitungen für Tonband-(Kassetten-)Anschluß, z. B. am Gerät Spider 3 (Abhilfe: Abschirmung und günstigere Verlegung der Leitung).

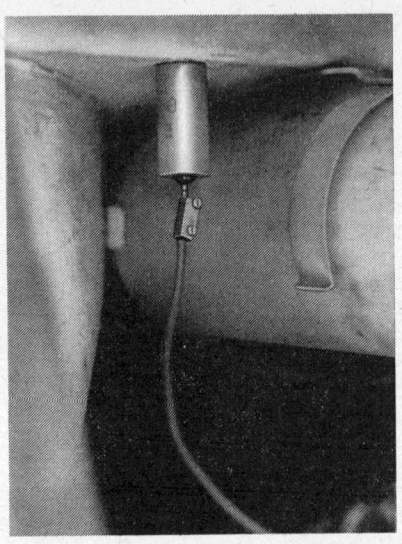 

Bild 7.44. Getrennter Batterieanschluß eines Empfangsgeräts über ein Durchführungsfilter in der Spritzwand

Bild 7.45. Getrennter Batterieanschluß eines Empfangsgeräts über einen MP-Durchführungskondensator 1 μF und einen Ferritkern in der Zuleitung (Bauteile im Motorraum)

Die Stromversorgungsleitung des Geräts verlegt man möglichst getrennt von den anderen Leitungen oder Kabelbäumen auf möglichst kurzem Weg zur Batterie. Die Absicherung dieser Leitung darf nicht vergessen werden. Genügt eine gesonderte Anschlußleitung nicht zur Beseitigung der Störungen, so kann man sie über ein Entstörfilter von der Batterie im Motorraum durch die Spritzwand zum Empfänger führen (Bild 7.44). Eine andere Möglichkeit, die evtl. noch wirksamer ist, zeigt Bild 7.45; hier sind an der Durchführung durch die Spritzwand ein 1-μF-MP-Kondensator und ein Ferritkern in der Zuleitung angebracht. Man kann auch mehrere Ferritkerne auf der Leitung oder mehrere Windungen im Ferritkern unterbringen.

Sollten die Störungen auch durch diese Maßnahme nicht zu beseitigen sein, so können diese durch den Masseanschluß des Empfängers verursacht werden. Der Empfänger ist zu isolieren und mit einer getrennten Masseleitung entweder an den Motorblock oder an den Masseanschluß der Batterie anzuschließen.

Außerdem kann man die Batterie mit einem Elektrolytkondensator von etwa 200 bis 300 μF überbrücken. Auf richtige Polung ist zu achten.

Im VEB Fahrzeugelektrik, Karl-Marx-Stadt, wird auch die Verwendung eitstördrossel (8309.10) in der Empfängerzuleitung empfohlen (Versor-nnungsabfall beachten!), sog. Mopeddrossel.

7.7.   Schema einer Fahrzeugentstörung

Entstörung für den Lang-, Mittel- und Kurzwellenbereich

Bild 7.46 gibt eine Übersicht über die erforderlichen Entstörbauteile und ihre Anordnung; die Verwendung von Parallelkondensatoren ist meist ausreichend.

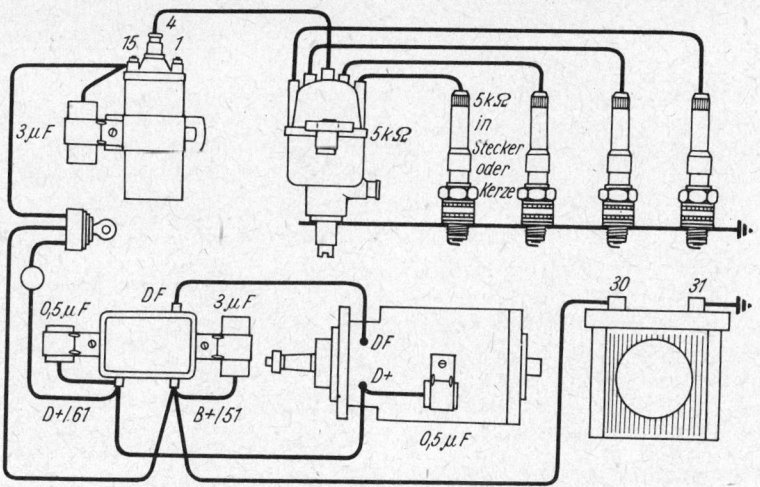

Bild 7.46. Grundschema einer Entstörung der Zünd- und Stromerzeugungsanlage eines Kraftfahrzeugs für den Mittel- und den Langwellenbereich (bei DLM s. dazu Abschn. 7.5.)

Entstörung für alle Wellenbereiche

Bild 7.47 zeigt die Entstörbauteile und ihre Anordnung sowie einige wichtige Masseverbindungen. Es werden Vorbeiführungs- oder Durchführungskonden-

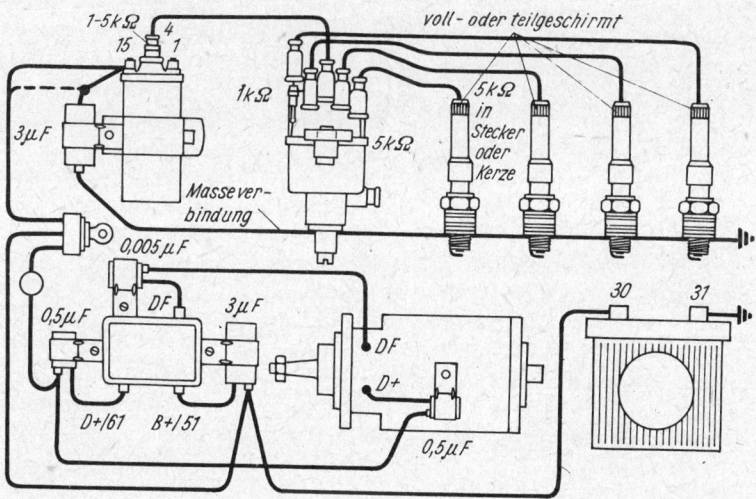

Bild 7.47. Grundschema einer Entstörung der Zünd- und Stromerzeugungsanlage eines Kraftfahrzeugs für alle Wellenbereiche (bei DLM s. dazu Abschn. 7.5.)

satoren verwendet. Auf die Masseverbindung zwischen Zündspule (Kondensator), Verteiler und Motorblock ist besonders zu achten.

Bei höheren Ansprüchen an die Entstörung müssen die vorstehenden Grundschemata entsprechend ergänzt werden (s. auch Tafel 12.2 in der Beilage).

7.8.   Hinweise zur Störungssuche

Nach der Kraftfahrzeugentstörung ist die Entstörwirkung zu überprüfen. Es empfiehlt sich, diese Überprüfung entfernt von Industrie- und Wohngebieten vorzunehmen, da in Stadtgebieten oder in der Nähe von Leitungen viele Störungen auftreten, die den Kraftfahrzeugstörungen ähnlich sind. Man stellt den Empfänger im Lang-, Mittel- und Kurzwellenbereich bei laufendem Motor auf volle Lautstärke und helle Tonblende, ohne einen Sender zu empfangen. Beim UKW-Empfang stellt man den Sender nicht optimal ein, sondern rechts oder links neben die optimale Senderabstimmung. Dabei können Verzerrungen auftreten. Automatikschaltungen sind außer Betrieb zu nehmen.

Treten Störungen auf, so sind diese nach folgender Systematik zu suchen:
1. Zunächst wird festgestellt, ob bei Stillstand des Motors, abgeschalteter Zündung und sonstigen ausgeschalteten Verbrauchern der *Rundfunkempfang* auf allen Wellenbereichen *ungestört* ist. Der Antennentrimmer des Empfängers muß dabei bereits abgeglichen (soweit ein solcher Trimmer vorhanden ist) und die Antenne bei Teleskopen voll ausgezogen bzw. auf UKW abgestimmt sein. Sind Störungen vorhanden, dann muß ein geeigneter Standort gesucht werden, an dem solche äußeren Störeinstrahlungen nicht vorliegen. Bei störungsfreiem Empfang wird zunächst die Zündung als Hauptstörquelle überprüft.
2. *Zündstörungen* liegen vor, wenn nach dem Hochdrehen des Motors und Abschalten der Zündung die Störungen schlagartig verschwinden, auch wenn sich der Motor noch dreht. Zu beachten ist hierbei aber, daß dies vorbehaltlos nur bei Stromerzeugungsanlagen mit Gleichstromlichtmaschinen zutrifft. Bei Drehstromlichtmaschinen kann man nicht genau zwischen Zünd- und z. B. Reglerstörungen unterscheiden, da die DLM über den Zündschalter erregt wird und dadurch z. B. auch Reglerstörungen mit der Zündung abgeschaltet sein können (je nach System bzw. Schaltung). Um hier sicherzugehen, muß bei Kontrolle der Zündung zunächst die Stromerzeugungsanlage außer Betrieb gesetzt werden. Dies geschieht durch Abklemmen aller Anschlüsse am (Lichtmaschinen-)Regler, außer dem Masseanschluß, oder durch Abnehmen des Keilriemens für den Lichtmaschinenantrieb (bei den in Frage kommenden kurzzeitigen Kontrollen schadet es nichts, wenn dabei z. B. der Lüfter nicht angetrieben ist). Das Außerbetriebsetzen der Lichtmaschine empfiehlt sich wegen der Eindeutigkeit der Zündstörungskontrolle grundsätzlich auch bei Gleichstromlichtmaschinen-Anlagen.

Sind in dieser Weise Zündstörungen eindeutig festgestellt, müssen sie beseitigt werden, ehe die anderen Anlagenteil überprüft werden, um somit auch die Relation der verschiedenen Störintensitäten insgesamt richtig bewerten zu können.

Hinweis:
Infolge Motorvibration können an (Bimetall-)Spannungskonstanthaltern (für

Bordinstrumente) den Zündstörungen ähnliche Störungen entstehen. Feststellen läßt sich dieser Fehler bei stehendem Motor und eingeschalteter Zündung durch Abklopfen des Spannungskonstanthalters (Armaturenbrett).

3. *Störungen durch die Lichtmaschine oder den Regler* liegen vor, wenn nach dem Hochdrehen des Motors und Abschalten der Zündung die Störungen andauern oder sich sogar verstärken, bis der Motor stehenbleibt. Dies gilt uneingeschränkt aber nur für GLM und selbsterregte DLM, die über die Ladekontrollampe vorerregt werden (z. B. Schaltungen nach den Bildern 7.31 und 7.32).

Bei den in der DDR bisher am häufigsten anzutreffenden Anlagen nach Bild 7.30 (mit oder ohne Ladekontrollrelais bzw. Amperemeter) verschwinden i. allg. auch die Störungen durch Lichtmaschine und/oder Regler sofort nach Abschalten der Zündung (z. B. Wartburg 353 W, Wolga, Moskwitsch, Shiguli, Lada, Polski-Fiat, Škoda – außer 120 LS ab Baujahr 1981). In diesen Fällen ist zur eindeutigen Kontrolle am Regler dieser DLM die Klemme, die zur Zündung (über Sicherung) geschaltet ist (Klemme 15), abzuklemmen und direkt mit einer sicheren Klemmverbindung an die Batterie anzuschließen (nicht Klemme DF/61 bzw. äquivalente – Anschluß zur Feldwicklung der DLM!). Damit ist eine ständige Erregung und Regelung der DLM verbunden, und der Test kann eindeutig wie bei voll selbsterregten Maschinen vorgenommen werden. Achtung: Den direkten Anschluß bei Stillstand der DLM nicht länger als etwa 2 bis 3 Minuten aufrechterhalten und nach Beendigung des Entstörtests sofort wieder die Originalbeschaltung herstellen!

4. *Sonstige elektrische Störungen* werden durch Ein- und Ausschalten der verschiedenen Geräte, wie Scheibenwischer, Gebläse, Blinker usw., ermittelt.

5. *Elektrostatische Störungen* bei rollendem Fahrzeug und/oder laufendem Motor müssen entsprechend nach der normal üblichen elektrischen Entstörung ermittelt und beseitigt werden.

Alle Störungen sind auf allen Empfangswellenbereichen zu kontrollieren, da sie sich ganz verschieden auswirken können.

7.8.1. Voraussetzungen für die Entstörung

Ehe mit dem Einbau von Entstörbauteilen an den verschiedenen Stellen begonnen wird, ist der Allgemeinzustand der elektrischen Anlage des Fahrzeugs zu kontrollieren. Fehlerhafte Anlagenteile führen zu solchen Störungen, die kaum mit den üblichen Entstörmaßnahmen zu beheben sind. Das regelrechte Funktionieren aller elektrischen Fahrzeuganlagen(-teile) ist demnach eine selbstverständliche Voraussetzung. Besonderes Augenmerk ist dabei auf folgendes zu legen: Wackelkontakte an stromführenden Leitungen (Klemmen) und kontaktunsichere Schalter, diese führen zu Prassel-, Zisch-, Rausch- und Kratzstörungen;
– prellende und verschmutzte (abgebrannte) Unterbrecherkontakte (erhöhte Störungen durch den Unterbrecher);
– feuernde Kohlebürsten und Kontakte (Instandsetzung vor Entstörung erforderlich);
– Zündkerzen mit verschmutzten und/oder abgebrannten Elektroden, zu großem Elektrodenabstand, Haarrissen im Isolierkörper (neue Kerzen einsetzen);
– oxydierte und lose Klemmstellen;
– stark eingebrannte oder verschmutzte Kontaktsegmente in der Verteilerkappe (Kappe erneuern);

- nicht metallisch blanke Kontaktstellen bei Masseverbindungen;
- schlechte Beschaffenheit bereits vorhandener Massebänder;
- keine einwandfreie Masseverbindung zum Empfänger – besonders in nichtleitenden Konsolen und Armaturenbrettern;
- schlechte Masseverbindung an der Antenne.

Nicht zuletzt ist die ordnungsgemäße Beschaffenheit der beispielhaft genannten Teile auch eine Grundvoraussetzung für das fehlerfreie Funktionieren dieser Anlagen im Kfz selbst.

Anschlußstellen (Klemmen) von störenden Einrichtungen, die mit Masse beschaltet sind, müssen eine kurze Masseverbindung haben. Anderenfalls (bei langen Masse- oder Minusleitungen, Klemme 31) weisen auch diese Masseleitungen Störstrahlungen auf. Lassen sich solche langen Masseleitungen nicht vermeiden, empfiehlt sich der Einbau eines Filters an den Klemmen 31. Hierzu sind dann, wenn gleichzeitig der Plus- und Minusanschluß zu entstören ist, besonders symmetrische Entstörfilter geeignet (Bild 7.13 und Tafel 7.4, lfd. Nr. 2, ohne Überbrückung).

7.8.2. Störungen durch die Zündanlage

Auch wenn man glaubt, die Entstörmittel sorgfältig eingebaut zu haben, sollte zunächst alles gewissenhaft überprüft werden, um wirklich jeden Fehler auszuschalten.

Mit einem Ohmmeter ist zunächst zu prüfen, ob alle Zündleitungen elektrischen Durchgang haben und den durch die Entstörmittel bedingten Widerstand aufweisen. Es kann vorkommen, daß ein Entstörstecker versehentlich nicht in die Zündkabelseele eingeschraubt ist, sondern nur in der Isolierung haftet. Der Motor läuft trotzdem, aber es entsteht eine zusätzliche Störquelle (Funkenstrecke). Es sind teil- oder vollgeschirmte Kerzenentstörstecker zu verwenden. Die Schirmung dieser Stecker muß guten federnden Kontakt (Masse) am metallischen Sechskant der Kerzen haben (immer).

Führen die genannten Maßnahmen nicht zum Erfolg, so sind die Zündkerzen zu überprüfen. Zu große Elektrodenabstände und Verschmutzungen führen zu Empfangsstörungen. Sind die Zündkerzen nicht ganz einwandfrei, so sollte ein neuer Satz eingesetzt werden, vor allem wenn die übliche Laufzeit (etwa 15 000 km bei Viertaktmotoren und etwa 10 000 km bei Zweitaktmotoren) bald oder bereits abgelaufen ist.

Lassen sich die Störungen auch dadurch nicht beseitigen, so ist festzustellen, in welchem Wellenbereich sie vor allem auftreten. Stärkere Störungen im Lang- und Mittelwellenbereich treten meist dann auf, wenn im Zündkreis ein zu kleiner Widerstand vorhanden ist. Ein Gesamtwiderstand von 15 bis 20 kΩ zwischen Zündspule und Zündkerze ist zulässig, ohne daß das Motorverhalten beeinflußt wird. Es ist zu prüfen, ob die Entstörbauteile mindestens mit einem 5-kΩ-Widerstand ausgerüstet und so nahe wie möglich an der Störquelle angeordnet sind. Ein entstörter Verteilerläufer ist immer günstiger als ein Entstörstecker im Verteilermittelturm, und Verteilerentstörstecker sind besser als Entstörmuffen.

Störungen im UKW-Bereich sind mit Entstörwiderständen in der Größenordnung von 1 kΩ leichter zu beseitigen, da die Störenergie bei höheren Frequenzen von solchen Widerständen aus Anpassungsgründen besser absorbiert wird. Sollten die UKW-Störungen mit 1-kΩ-Widerständen beseitigt sein und dafür Störungen im Lang- und Mittelwellenbereich auftreten, so sollten teil- oder vollabgeschirmte Stecker mit 5-kΩ-Widerständen verwendet oder weitere Entstörmaßnahmen getroffen werden.

Häufig stört der Verteiler relativ stark, besonders wenn er hoch angeordnet ist. Ist bereits ein entstörter Verteilerläufer vorhanden (Widerstand überprüfen!), so kann man versuchen, durch leichtes Breitklopfen der Verteilerläuferspitze den Abstand zwischen Verteilerläufer- und Verteilerkappenkontakt zu verringern. Dadurch sind oft beträchtliche Verbesserungen möglich. Ein Verklemmen oder eine mechanische Beschädigung vermeidet man, wenn man den Kontaktabstand durch Hämmern nur in sehr geringfügigen Schritten verändert. Bei schwierigen Verteilerstörungen bleibt nur noch die Abschirmung des Verteilers; die Abschirmkappen müssen gut mit Masse verbunden sein.

Der Unterbrecherkontakt stört nur selten, denn er ist bereits durch den Zündkondensator entstört. Sollten trotzdem – besonders im UKW-Bereich – noch Störungen auftreten, so muß der übliche Parallelunterbrecherkondensator durch einen Durchführungskondensator entsprechender Spannungsfestigkeit ausgetauscht werden, oder es ist zusätzlich ein Filter zu verwenden.

Klemme 15 der Zündspule muß einen Entstörkondensator aufweisen. Parallelkondensatoren sind nur für Lang-, Mittel- und Kurzwellenbereich geeignet. Zur Entstörung für alle Wellenbereiche müssen Vorbei- oder Durchführungskondensatoren, gegebenenfalls Kombinationsbauteile verwendet werden. Man muß auch prüfen, ob der Zündspulenkondensator und die Zündspule Verbindung nach Masse (zum Motorblock!) haben. Besonders bei an der Spritzwand oder am Kotflügel befestigten Zündspulen muß diese Masseverbindung vorhanden sein. Erforderlichenfalls ist ein Kondensator mit separatem Masseanschluß zu verwenden, der mit dem Motorblock zu verbinden ist.

Bei einigen Fahrzeugtypen liegen die Zündleitungen in metallischen Halterohren. Diese haben jedoch keinerlei Abschirmwirkung. Möglicherweise vermindern frei verlegte Zündleitungen die Störstrahlung. Es gibt auch Fahrzeuge mit relativ langen (über 40 cm) Zündleitungen. Man kann diese langen Zündleitungen entweder kürzen oder in der Mitte auftrennen und Entstörmuffen einsetzen. Wenn dieser Versuch nicht zum Erfolg führt, muß man einen neuen Satz Zündleitungen einbauen.

Im übrigen sei auf die Notwendigkeit des Anbringens von Massebändern hingewiesen. Weitere Maßnahmen sind die Teilschirmung der Verteilerstecker, die Schirmung der Zündspule oder letztlich die konsequente Vollschirmung der gesamten Zündanlage und die Herausführung der Stromanschlüsse über Durchführungskondensatoren oder entsprechende Filter unter Beachtung der jeweiligen Hinweise.

7.8.3.   Störungen durch die Lichtmaschine oder den Regler

Diese Störungen sind meist recht unproblematisch, da sie durch die üblichen Entstörungsmaßnahmen fast immer einwandfrei beseitigt werden. Treten trotzdem Störungen auf, so sind zunächst die störenden Geräte selbst zu überprüfen. So können die Reglerkontakte prellen oder verbrannt sein, oder die Lichtmaschine kann überstarkes Kollektorfeuer aufweisen und dadurch besonders stark stören. Solche Geräte müssen erst in einer Fachwerkstatt überholt oder ausgetauscht werden.

Besonders beim Auftreten von UKW-Störungen ist zu überprüfen, ob tatsächlich alle vom Regler und von der Lichtmaschine abgehenden Leitungen mit Vorbeiführungs- oder Durchführungskondensatoren oder Filtern versehen sind. An den Regler- und Lichtmaschinenklemmen darf nach der Entstörung nur noch der Kondensatoranschluß liegen.

Zu überprüfen ist ferner, ob der Regler etwa auf Gummipuffer montiert ist und keine gute Masseverbindung hat. Ein Masseband schafft Abhilfe. Sollte an den Klemmen DF kein Entstörfilter verwendet worden sein, so ist ein geeignetes Filter anzubringen. Erforderlichenfalls ist die Leitung zwischen Lichtmaschinen- und Reglerklemme DF abzuschirmen (getrennte neue Leitung verlegen!).

Oft ist bei Reglern, die an der Karosserie befestigt sind, ein Masseband von der Lichtmaschine zum Reglerfuß erforderlich.

7.8.4. Sonstige elektrische Störungen

Diese Störungen werden durch aufeinanderfolgendes Einschalten der verschiedenen Geräte- oder Anlagenteile ermittelt und anhand der Hinweise in den vorstehenden Abschnitten beseitigt. Auf einwandfreie Beschaffenheit der Geräte selbst ist zu achten, die Masseverbindungen sind zu überprüfen, geeignete Entstörmittel sind anzuwenden, und deren richtige Anschaltung ist zu kontrollieren. Eine wirksame Entstörung kann nur in den verschiedenen Geräten selbst erfolgen.

Gezielt ist dabei im wesentlichen auf folgende Anlagenteile Obacht zu geben:
- Scheibenwischer,
- Scheibenwaschanlage (elektrische Pumpe),
- elektrische Kraftstoffpumpen für Motor und/oder Benzinheizungen,
- Blinker,
- elektrischer Lüfter am Kühler,
- Gebläse für Wagenheizung,
- Bremslichtschalter (schleichende Kontaktgebung – Störungen),
- Fernthermometer (bei warmem Motor erst bemerkbar, zur Prüfung vom Kontaktgeber abklemmen),
- Kraftstoffanzeiger (Störungen beim Schaukeln des Kfz bei verschiedener Kraftstoff-Füllmenge)
- Spannungskonstanthalter für Überwachungsgeräte (Prasseln bei eingeschalteter Zündung),
- elektronischer Drehzahlanzeiger (drehzahlabhängiges Prasseln),
- Öldruckgeber.

Bei LMK sind die Störungen meist mit Kondensatoren (2,5 µF) zu beseitigen, im UKW-Bereich führen Filter besser zum Erfolg.

Spezielle Störsuchgeräte, mit denen die einzelnen Störer genau zu lokalisieren sind, gibt es für die Kraftfahrzeugentstörung nicht. Ein kapazitiv oder induktiv anzukoppelnder Indikator kann jedoch ein wertvolles Hilfsmittel sein (Oszillograf oder integrierendes Analogwertanzeigegerät).

Dem Praktiker ist damit ein Hilfsmittel in die Hand gegeben, mit dem er z. B. durch einfaches Abtasten der Zündleitungen die Zündanlage überprüfen kann. Bei einiger Erfahrung läßt sich damit die Wirksamkeit der einzelnen Entstörmittel feststellen und darüber hinaus auch die Funktion der gesamten Zündanlage überprüfen.

Ein solches Prüfgerät wird durch ein Massekabel mit einer Krokodilklemme an eine blanke Stelle des Motorblocks angeklemmt.

Bei laufendem Motor können mit dem Taster verschiedene Prüfstellen abgetastet werden. Die über die Zündleitungen gehenden Zündimpulse werden vom Tastkopf kapazitiv aufgenommen und einer Summierschaltung (Integration!) zugeführt. Die Anzeige ist abhängig von der Anzahl der Zündimpulse je Sekunde, der Höhe der Zündspannung und dem Frequenzspektrum der Zündimpulse.

Zur Prüfung sollte eine Motordrehzahl gewählt werden, bei der der Zeiger des Anzeigeinstruments etwa in Skalenmitte steht, damit Abweichungen nach oben oder unten erkennbar sind. Werden mit dem Taster gleichartige Punkte (Zündkerzenstecker, Verteileranschlüsse) abgetastet, dann müssen gleiche Zeigerausschläge vorhanden sein. Eine direkte Abtastung von Klemme 15 der Zündspule ist ebenfalls möglich.

Höhere Ausschläge als die Mittelwerte und Schwankungen deuten auf defekte Entstörwiderstände, Unterbrechungen im Zündkreis und auf zu großen Elektrodenabstand oder defekte Zündkerze hin. Zu niedrige Ausschläge bedeuten eine verschmutzte oder aussetzende Zündkerze.

Je höher die Motordrehzahl gewählt werden muß, bis ein bestimmter Ausschlag des Zeigers erreicht wird, desto wirksamer sind die Entstörmaßnahmen.

7.8.5. Elektrostatische Störungen

Dieser Störungsart ist relativ schlecht zu begegnen, grundsätzlich ist aber auch bei solchen Störungen Abhilfe möglich. Die häufigsten solcher Störungen sind:

- Reifenaufladungen
  bei höherer Fahrgeschwindigkeit und trockener Fahrbahn (Prasseln oder Knacken); Störung verschwindet meist beim Bremsen, Abhilfe durch Reifenleitlack.

- Aufladungen von Fahrzeugteilen
  (durch Gelenke oder Lager elektrisch unterbrochene Teile, schlechter Kontakt zwischen Karosserieteilen durch Oxydation oder Lack); Störung tritt beim Fahren als Krachen auf, Abhilfe durch Massebänder möglich.

- Aufladungen am Getriebe
  Störung tritt auf als Prasseln konstanter Tonhöhe, Abhilfe durch Massebänder möglich.

- Aufladungen am Lüfter (auch am Generator)
  Störung tritt auf als Prasseln konstanter Tonhöhe,
  Abhilfe durch leitfähigen Keilriemen, Massebänder möglich.

8. Einbau- und Entstörbeispiele

Die bisherigen Erläuterungen sind allgemein gültig. Ergänzend sollen in diesem Abschnitt noch für die in der DDR weit verbreiteten PKW-Typen einige spezielle Hinweise gegeben werden. Sie beziehen sich auf PKWs der DDR-Produktion und auf Importe aus dem sozialistischen Wirtschaftsgebiet.

Für den Empfänger- und Antenneneinbau sollte man sich neben den allgemeinen Hinweisen in den entsprechenden Bedienungsanleitungen orientieren, da sich bis heute eine sehr große Vielzahl an Änderungen und Möglichkeiten ergeben hat und diese Vielzahl an dieser Stelle aktuell auch nicht mehr übersichtlich dargestellt werden kann, was auch gar nicht der Zweck ist. Empfänger, Geräte und Antennen bieten i. allg. bei der Montage auch keine besonderen Probleme – besonders dann nicht, wenn die allgemeinen Darstellungen in den vorangegangenen Abschnitten beachtet wurden.

Das Hauptproblem besteht jedoch meist darin, wie eine erfolgreiche Entstörung zu erreichen ist. Deshalb wurden einige praktische Hinweise in der Tafel 12.2 (s. Anhang) übersichtlich zusammengestellt, natürlich auch in Ergänzung der grundlegenden Darlegungen der vorhergehenden Abschnitte.

Für PKWs aus dem nichtsozialistischen Wirtschaftsgebiet (NSW) sei auf die Herstellerangaben, besonders aber auch auf die Entstörmittelhersteller (z. B. Bosch, Beru) hingewiesen, bei denen für jeden PKW-Typ des NSW und z. T. auch des SW speziell zusammengestellte komplette Entstörbausätze und spezielle Entstöranleitungen bereitgestellt sind; dies betrifft z. B. auch die bekannten Lizenz-Kfz-Typen im SW und PKW-Typen des SW, soweit diese häufig in das NSW exportiert werden.

8.1. PKWs aus der DDR

8.1.1. Trabant

Der Empfänger wird nach der Montageanleitung des Herstellers in die vorgesehene Einbaustelle im Armaturenbrett eingebaut. Er ist[1] auf 6 V, Minuspol an Masse, zu schalten[2]. Das erforderliche Einbauzubehör ist zu beachten. Zwischen den Typen Trabant 500, 600 und 601 bestehen[3] keine wesentlichen Unterschiede.

Da heute nur wenige 6-V-Geräte verfügbar sind, muß bei der 12-V-Gerätetechnik ein entsprechender Transverter verwendet werden (bzw. für z. B. ein zusätzliches Kassettengerät ein weiterer).

Die für den Lautsprecher vorgesehene Einbaustelle befindet sich auf der

---

1) bis Baujahr September 1983
2) ab Baujahr Oktober 1983 auf 12 V, Minuspol an Masse (DLM, elektronischer Regler, elektronischer Blinkgeber)
3) bis auf die 12-V-Technik ab Oktober 1983

146

Oberseite des Handschuhkastens (hinter dem Armaturenbrett). Der Lautsprecher strahlt also in den Handschuhkasten.

Lautsprecherboxen geeigneter Größe können auch unter dem Armaturenbrett – nach vorn strahlend – montiert werden. Bei den neueren Typen ist ein Fronteinbau auch im Armaturenbrett möglich (mit z. B. Wartburg-Abdeckblende).

Antennenmontage

Bild 8.1 zeigt den bevorzugten Montageort für die Antenne an den Typen 601 sowie 500/600. Es lassen sich Versenk- und Aufbauantennen verwenden. Die Antenne kann rechts oder links eingebaut werden.

Am günstigsten ist die Verwendung von vierteiligen Teleskopantennen mit Stablängen bis zu 1,80 m. Die Bohrung ist so weit wie möglich in Richtung Windschutzscheibe anzubringen, damit sich die Antenne nicht nach vorn neigt (Versenkantenne), was nicht sehr gut aussieht. Das Schutzrohr der Versenkantenne wird an der Kotflügelauswölbung im Fahrgastraum mit einer Schelle befestigt. Diese Befestigungsstelle bestimmt die Neigung der Antenne mit. Das Schutzrohr muß mit dem Kotflügel im Fahrgastraum gut leitend verbunden sein, damit eine gute Masseverbindung entsteht.

Die Bohrschablone 8.1 (s. Beilage am Schluß des Buches) ist entsprechend den im Abschnitt 6. gegebenen Hinweisen zu verwenden.

Entstörung

Das für die Entstörung der Zündanlage des Trabant 600/601 erforderliche Material (Vollschirmung) wird vom Handel bereitgestellt. Es wird anhand der dem Satz beiliegenden Montageanleitungen angebaut. Die Bilder 8.2 und 8.3 zeigen den montierten Zündanlagenentstörsatz. Auf gute Masseverbindungen ist besonders zu achten. Der Kondensator an Klemme 15 der Zündspulen darf nicht

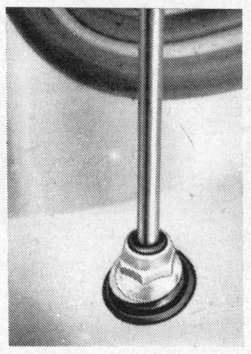

Bild 8.1
Antenne am Trabant 601

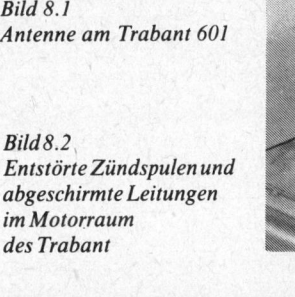

Bild 8.2
Entstörte Zündspulen und
abgeschirmte Leitungen
im Motorraum
des Trabant

vergessen werden; es genügt ein gemeinsamer Kondensator für beide Zündspulen.

Zu beachten ist auch, ob Klein- oder Normal- (oder auch Hochleistungs-) Zündspulen verwendet werden.

Zur weiteren Verbesserung der Entstörung mittels Schirmung (Plastkarosserie und -motorhaube) ist es auch möglich, die Motorhaube innen mit Alu-Folie zu bekleben und über ein Masseband mit den Metallkarosserieteilen zu verbinden. Dazu wird die Motorhaubenklappe ausgebaut und die Schalldämmatte entfernt. Auf die gesamte Innenfläche der Haube wird Alu-Haushaltsfolie geklebt, die dann mit einem auf einer Verstärkerstrebe aufgeschraubten Alu-Blechstreifen kontaktiert werden kann (Alu-Folie zwischengeklemmt). Auf die Folie kommt dann wieder die Schalldämmatte (kleben). Mit dieser Schirmung konnte die Entstörung schon beachtlich verbessert werden.

Bild 8.3. Geschirmte Leitungen zum Unterbrecher im Trabant

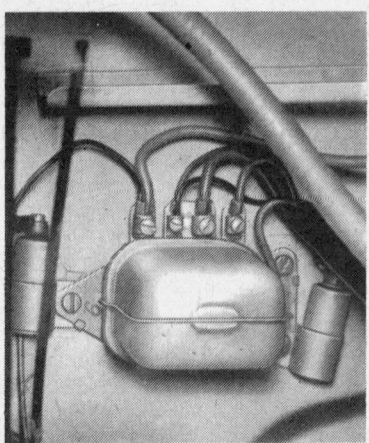

Bild 8.4. Für den Lang- und Mittelwellenbereich an Klemmen 51 und 61 entstörter Regler im Trabant (bis Baujahr September 1983)

An der Lichtmaschine (GLM) und am Reglerschalter (Bild 8.4) sind die Klemmen D+ und 51 mit je einem Kondensator von etwa 2,5 µF zu beschalten. Bei Bedarf ist an Klemme 61 ein Kondensator von maximal 0,4 µF anzuschließen. Wenn der Scheibenwischermotor stört, ist ein Kondensator von etwa 2,5 µF an die Pluszuleitung anzuschließen (bei UKW-Störungen u. a. s. auch Abschn. 7.6. Scheibenwischer). Die DLM (ab Oktober 1983) wird mit einem Kondensator 2,5 µF an Klemme B+/30 entstört.

Bei Blinkerstörungen wird Klemme 15 des Blinkgebers mit einem Kondensator von 2,5 µF beschaltet (bei der neuen Ausführung, Trabant 601, Klemme 49). Ab Oktober 1983 wird ein elektronischer Blinkgeber verwendet, der keiner Entstörung bedarf.

8.1.2. Wartburg 311 und 312

Empfängereinbau

Der Empfänger und der Lautsprecher werden an den im Armaturenbrett vorgesehenen Stellen nach der Anleitung des Fahrzeug- oder Geräteherstellers mit dem zugehörigen Einbauzubehör eingebaut. Die älteren Fahrzeuge haben 6-V-Technik (s. dazu Abschn. 8.1.1. Trabant).

Antennenmontage

Die Antenne wird im allgemeinen auf dem rechten oder linken Kotflügel montiert. Es lassen sich sowohl Versenk- als auch Aufbauantennen verwenden.

Das Schutzrohr von Versenkantennen ist zusätzlich im Kotflügel zu befestigen. Bild 8.5 zeigt eine links eingebaute Antenne.

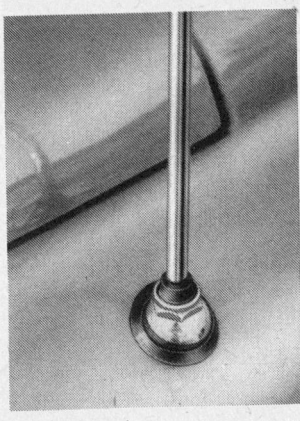

Bild 8.5
Antenne am linken vorderen Kotflügel des Wartburg
311/312

Die Bohrschablone 8.2 (s. Beilage) kann für den Einbau der Antenne auf der rechten oder linken Seite verwendet werden (Bezeichnungen auf der Schablone beachten!).

Entstörung

Der Wartburg 311/312 ist bereits ab Werk auf der Hochspannungsseite der Zündanlage grundentstört (Fernentstörung). Für die Nahentstörung ist zusätzlich die Klemme 15 der Zündspule mit einem Kondensator von 2,5 µF zu beschalten. An den Reglerschalter, Klemme 51, wird ein Kondensator von 2,5 µF angeschlossen; erforderlichenfalls ist an Klemme 61 des Reglers ein Kondensator von 0,4 µF zu legen.

Bei Scheibenwischerstörungen müssen beide Anschlüsse des Motors mit einem Kondensator von 2,5 µF beschaltet werden. Bei Blinkerstörungen ist an Klemme 15 des Blinkgebers ein Kondensator von 2,5 µF anzuschließen.

Auf gute Masseverbindungen ist zu achten.

8.1.3. Wartburg 353 und 353 W

Empfängereinbau

Der Empfänger wird entsprechend den Angaben des Fahrzeug- und Empfängerherstellers an der vorgesehenen Stelle im Armaturenbrett eingebaut. Der Laut-

sprecher strahlt von der Mitte der Oberseite des Armaturenbretts an die vordere Frontscheibe (Bild 8.6).
Der Empfänger ist auf 12 V, Minuspol an Masse, zu schalten.

Bild 8.6
Autosuper im Armaturenbrett des Wartburg 353

Antennenmontage

Die Motorhaube des Wartburg 353 erstreckt sich über die gesamte Wagenbreite, so daß eine Versenk- oder Aufbauantenne nur mit Schwierigkeiten montiert werden kann. Am einfachsten ist daher die Verwendung einer Seitenantenne am linken vorderen Holm (Bild 8.7). Die Bohrschablone 8.3 (s. Beilage) kann für die Montage der Seitenantenne am linken oder rechten vorderen Holm verwendet werden.

Ob man eine Seitenantenne verwendet oder den größeren Aufwand für die Montage einer Motorhaubenantenne treibt, hängt vom persönlichen Geschmack des Fahrzeugbesitzers ab. Die Versenkantenne, die im Bild 8.8 zu sehen ist, kann

Bild 8.7
Seitenantenne am Wartburg 353

Bild 8.8
Versenkantenne links vorn
auf der Motorhaube eines
Wartburg 353

Bild 8.9
Versenk- oder
Automatikantenne links
hinten auf der
Motorhaube eines
Wartburg 353

nur an der angegebenen Stelle montiert werden, da nur dort der Platz für das Schutzrohr unter der Motorhaube vorhanden ist. Verwendbar ist eine vierteilige Teleskopantenne mit maximal 1,10 m Stablänge, da das Schutzrohr an dieser Stelle nicht zusätzlich befestigt werden kann. Die Bohrschablone 8.4 (s. Beilage) kann als Montagehilfe dienen.

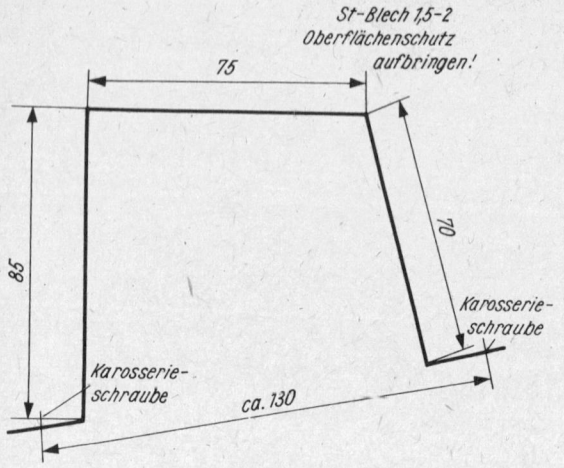

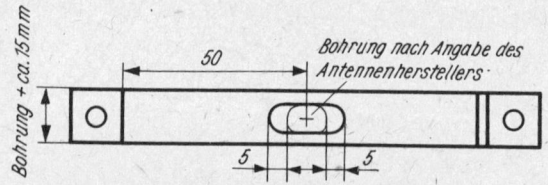

Bild 8.10
Abmessungen
des Montagewinkels

Bild 8.11
Montagewinkel nach Bild 8.10 für die
Versenkantennenmontage unterhalb
der Motorabdeckhaube

Einen zweckmäßigen Montageort für eine Versenkantenne oder eine Motorautomatikantenne zeigt Bild 8.9. Hier kann eine vierteilige Teleskopversenkantenne mit einer Länge bis etwa 1,80 m verwendet werden. Die Antenne wird unterhalb der Motorhaube mit dem Montagewinkel nach Bild 8.10 befestigt; das Schutzrohr ragt in den Kotflügel (Bild 8.11).

Die Antenne ragt durch ein Loch in der Motorhaube, das mit einer selbst angefertigten Abdichtmanschette aus Gummi mit Chromscheibenabdeckung verkleidet werden kann. Die Bohrung für die Abdichtmanschette muß einen Durchmesser von etwa 30 mm haben.

Zunächst wird die Motorhaube gemäß Bohrschablone 8.5 (s. Beilage) mit einem kleinen Bohrer (etwa 6 mm ∅) durchbohrt. Dieser Bohrer muß genügend lang sein, damit man von der Bohrung der Motorhaube aus eine kleine Hilfsbohrung im Kotflügel herstellen kann. Die Bohrmaschine wird in der Richtung angesetzt, die später die Antenne einnehmen soll (maximal etwa 10° Abweichung von der Senkrechten entgegen der Fahrtrichtung). So erhält man die genaue Stelle der Bohrung für das Schutzrohr der Antenne (s. Bild 8.9). Die Löcher werden dann entsprechend erweitert. Der Montagewinkel ist so zu korrigieren, daß sich die Antenne in der richtigen Lage befindet. Das Loch im Kotflügel, durch das das Schutzrohr der Antenne geht, muß mit einer leicht konischen Tülle versehen werden, die eine Arretierung des Schutzrohres im Kotflügel garantiert, um Klappergeräusche durch Anschlagen des Schutzrohres zu verhindern.

Die Gummimanschette muß in der 30-mm-Bohrung der Haube ein wenig beweglich sein, damit sie sich dem Antennenkopf anpassen kann.

Beim Öffnen der Motorhaube muß die Versenkantenne stets eingeschoben sein, um eine Beschädigung zu vermeiden. Ein Schalter in Verbindung mit einer Warnleuchte am Hebel für die Haubenöffnung ist sehr zu empfehlen.

Eine Automatikantenne an der eben beschriebenen Einbaustelle ist zweifellos die eleganteste Lösung des Antennenproblems beim Wartburg 353.

Entstörung

Die Zündanlage ist mit teil- oder vollgeschirmten Entstörsteckern mit 5-kΩ-Widerständen zu versehen; an den Zündspulenanschlüssen 4 sind Entstörmuffen anzubringen. Die Zündspulen sind auf einem isolierten Träger zu befestigen und durch ein Masseband mit dem Motorblock zu verbinden. An Klemme 15 ist ein gemeinsamer Entstörkondensator von etwa 2,5 μF für alle Zündspulen anzuschalten (Bild 8.12).

Bild 8.12
Isoliert montierte Zündspulen im
Wartburg 353
Kondensator an Klemme 15 und Masseverbindungskabel

Die Lichtmaschine wird an Klemme D+ mit 2,5 μF entstört (Bild 8.13). Der Regler ist an den Klemmen 61 und 51 mit je einem Kondensator von 2,5 μF zu beschalten (Bild 8.14). Bei Störeinstrahlung über den Netzanschluß des Empfängers kann die handelsübliche Schlußlichtdrossel Nr. 8309.10 des VEB Fahrzeugelektrik, Karl-Marx-Stadt, in die Empfängerstromversorgungsleitung eingeschal-

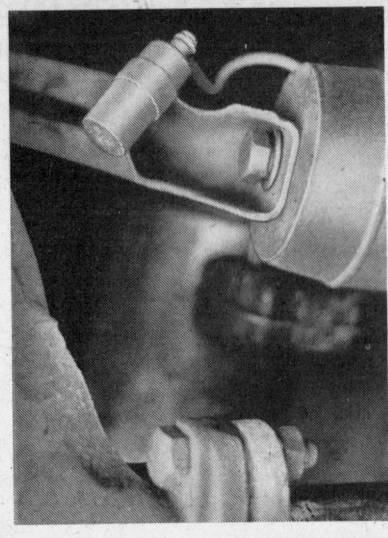

Bild 8.14. Entstörter Regler im Wartburg 353

Bild 8.13. Entstörkondensator für Klemme D+ der Lichtmaschine im Wartburg 353

tet werden. Die vorgenannten Entstörmaßnahmen reichen normalerweise für die Lang-, Mittel- und Kurzwellenentstörung aus. Bei Drehstromanlage (353 W) s. Tafel 12.2 (Anhang).

8.2. PKWs aus dem sozialistischen Ausland

Im folgenden wird eine Übersicht über die in der DDR gängigen Import-PKWs gegeben. Der Schwerpunkt liegt bei der Entstörung, die erforderlichen Maßnahmen dazu sind in Tafel 12.2 (Anhang) zusammengefaßt. Dort sind auch auf den Bohrschablonen Hinweise für die Antennenmontage enthalten.

8.2.1. Skoda MB 1000, S 100, S 105/120

Die PKW-Typen 440, 445, Octavia usw. sind heute kaum noch anzutreffen. Der Radioeinbau erfolgt zweckmäßig unterhalb des Armaturenbretts, die Antenne wird auf dem rechten oder linken vorderen Kotflügel montiert. Die Typen MB 1000, S 100 sowie die neue Baureihe 105/120 bieten auch keine Besonderheiten (Einbau des Empfängers unter dem Armaturenbrett). Heckantennen sind wegen des Heckmotors nicht zu empfehlen.

Für die Bohrungen zum Einbau der Antenne dienen die Bohrschablonen 8.6 (Typ: 440, 445, Octavia), 8.7 (MB 1000) und 8.8 (S 100 und S 105/120).

Bei den neueren Exemplaren des Typs S 120 L mit magnetischem Schnellstoppventil wurden gelegentlich bei eingeschalteter Zündung starke Störungen auf allen Wellenbereichen beobachtet, die von schlechter oder unterbrochener Masseverbindung des elektromagnetischen Teils zum Nadelventil herrührten.

Eine Kontrolle erfolgt bei solchen Störungen durch Abziehen des Steckkabelschuhs vom Schnellstoppventil am Vergaser, und zwar bei eingeschalteter Zündung.

Im Defektfall des Bauteils muß es ausgewechselt werden, oder man kann auch die unzuverlässige Masseverbindung mit einer Lötstelle wieder einwandfrei herstellen.

8.2.2. Moskwitsch (408, 412, 2140 usw.)

Der Empfängereinbau ist im oder unter dem Armaturenbrett möglich. Für den Antenneneinbau ist ab Werk bereits eine Öffnung angebracht, die mit einem Gummistöpsel verschlossen ist (Bilder 8.15 und 8.16).

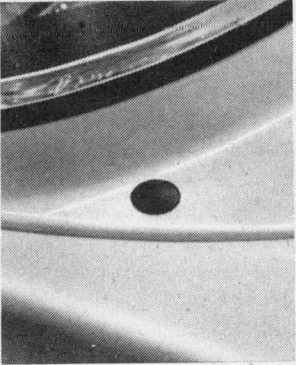

*Bild 8.16
Vorbereitete (durch Gummistöpsel abgedeckte) Montagebohrung im Moskwitsch 408/412/2140 und Varianten*

*Bild 8.15
Antenne an der werksseitig vorbereiteten Montagestelle beim Moskwitsch 408/412/2140 und Varianten*

8.2.3. Wolga (GAS 24)

Der Empfängereinbau ist im Armaturenbrett möglich. Für den Antenneneinbau ist bereits vorn rechts eine Bohrung vorgesehen. Bei Verwendung von DDR-Kerzenentstörsteckern müssen auch DDR-Zündkerzen eingesetzt werden. Der DLM-Regler ist eine vollelektronische Ausführung und mußte bisher nicht entstört werden.

8.2.4. Shiguli/Lada

Im Armaturenbrett ist der vorgesehene Ausschnitt für weitverbreitete Autosuper zu klein. Deshalb ist meist eine Montage unterhalb des Armaturenbrettes (evtl. durch eine Blechkassette verkleidet, rechts neben den Heizungsbedienhebeln) möglich. Eine weitere Möglichkeit ist die Verwendung einer Konsole. Die Antenne wird zweckmäßig auf den linken vorderen Kotflügel montiert. Für die Antennenkabeldurchführung in den Innenraum sind bereits durch Stöpsel verschlossene Bohrungen vorhanden (unter der Verkleidung in etwa 40 cm Höhe vom Boden). Eine zweite verschlossene Bohrung befindet sich im vorderen Radkasten (Rad demontieren). Durch diese kann man die von unten montierbare Antenne mittels eines Drahtes hochziehen. Ähnlich zieht man auch das Antennenkabel in den Innenraum.

Für die Bohrungen zum Einbau der Antenne können die Bohrschablonen 8.9a oder 8.9b genutzt werden. Diese Schablonen sind in der Beilage am Schluß des Buches enthalten.

8.2.5. Saporoshez 966 und 968

Das Radio wird unter dem Armaturenbrett eingebaut. Das Einbauzubehör für Moskwitsch oder Skoda ist hierfür geeignet und im Handel erhältlich. Für die Antennenmontage ist bereits eine abgedeckte Bohrung vorhanden.

8.2.6. Polski-Fiat 125 p

Beim Einbau des Radios in das Armaturenbrett werden vielfach besonders starke Störungen durch den dort befindlichen Kabelbaum in das Empfangsgerät eingekoppelt, es wird deshalb der Einbau unter dem Armaturenbrett empfohlen.

Die Antennenmontage erfolgt zweckmäßig vorn links oder rechts. Für die Bohrung zum Einbau der Antenne kann die Bohrschablone 8.10 verwendet werden, die in der Beilage am Schluß des Buches enthalten ist.

8.2.7. Dacia 1300

Im Armaturenbrett ist kein Ausschnitt für den Autosuper vorgesehen, deshalb erfolgt die Montage darunter oder in einer Konsole (Bild 8.17). Die Antenne

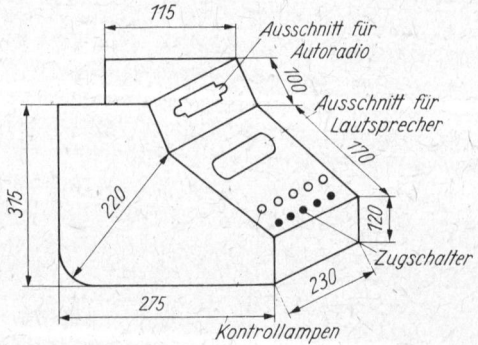

Bild 8.17
Radiokonsole für Dacia
1300 (Sperrholz mit
Kunstleder beklebt) für den
Einbau eines Radios und für
eine Reihe von
Zusatzschaltern und
Kontrollampen

wird zweckmäßig vorn rechts montiert. Die Schablone 8.11 (Beilage am Schluß des Buches) kann zum Bohren der Einbauöffnung für die Antenne genutzt werden.

8.2.8. Zastava

Der Einbau von Radio und Antenne ist bei diesem PKW-Typ relativ problematisch.

Im Armaturenbrett – rechts – ist eine Blende vorhanden, in die Autoradios kleiner Abmessungen (vor allem geringer Tiefe) eingebaut werden können. Daneben verbleibt die Möglichkeit der Verwendung einer Mittelkonsole, jedoch wird dadurch bei vorgezogener Anordnung die Bedienung des Gaspedals behindert.

In den vorderen Kotflügel läßt sich als Versenkantenne nur ein Spezialtyp einbauen (in der DDR nicht handelsüblich), der Einbau einer Universal-Versenkantenne ist nicht möglich. Anwendbar ist eine Holmantenne mit schmalem Fuß am vorderen Fensterholm. Relativ einfach läßt sich eine Aufbauantenne mit Biegestück vorn oder als Heckantenne auf dem Steg neben der Heckklappe montieren.

8.3. Hinweise zum Selbstbau von Entstörmitteln

Zur befriedigenden Kfz-Entstörung sind ergänzend solche Entstörbauteile unbedingt erforderlich, die gegenwärtig in der DDR nicht handelsüblich sind. Es handelt sich um Entstörfilter für z. B. Lichtmaschine/Regler, Unterbrecherkontakt (Zündung), Öldruckgeber, Motoren usw. und um Verteilerentstörstecker (ungeschirmte, teilgeschirmte, vollgeschirmte).

Ein LC-Glied als Durchführungsfilter wird in der VR Polen – Firma Miflex – hergestellt.

Ein Selbstbau kann entsprechend Bild 8.18 erfolgen. Die Drossel wird mit ih-

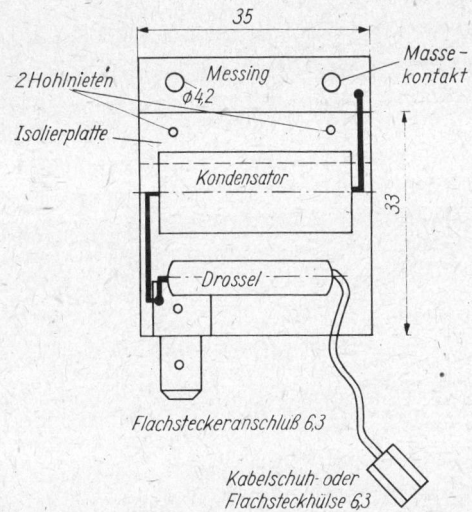

Bild 8.18
LC-Glied (Filter) auf einer
Montageplatte (Drossel: 10 µH, 4 A;
Kondensator: 0,1 µF/630 V)

rem Anschluß an die Klemme (Steckkontakt) des Störers angeschlossen, der Filteranschluß Drossel/Kondensator wird an die abgehende Leitung angeschlossen.

Auf gute Masseverbindungen ist zu achten.

Material: Messing oder Stahl verzinnt

Bild 8.19
Metallisches Zwischenstück für die Kontaktierung von winkligen Zündkerzenentstörsteckern zur Verwendung als Verteilerentstörstecker

Anstelle industriell hergestellter Verteilerstecker kann man sich durch Selbstbau so helfen, daß man winklige Zündkerzenentstörstecker verwendet und den Verteileranschluß mit geeigneten metallischen Zwischenstücken (Bild 8.19) herstellt.

9. Unterhaltungselektronik in Wasserfahrzeugen

Die in den vorhergehenden Abschnitten für Kraftfahrzeuge gegebenen Hinweise lassen sich auch auf kleinere Wasserfahrzeuge anwenden. Alle beschriebenen Geräte sind verwendbar, und auch die Probleme der Entstörung sind im wesentlichen die gleichen wie beim Kraftfahrzeug.

Auch die für Kraftfahrzeuge beschriebenen Antennen sind an Wasserfahrzeugen zu verwenden. In Holz- und Kunststoffbooten reichen aber bereits gerätegebundene Antennen zum einwandfreien Empfang aus. Werden zusätzliche Antennen in Booten und Jachten verwendet, so können deren Isolationswiderstände durch die feuchte und evtl. salzhaltige Luft erheblich absinken. Für den Lang-, Mittel- und Kurzwellenempfang ist eine hoch und frei ausgespannte Langdrahtantenne besonders wirksam. Die Verwendung von Isolatoren aus Kunststoff oder Porzellan mit großen Kriechstrecken ist zu empfehlen. Außerdem verbessert eine gute Erdung der Empfänger am metallischen Bootskörper den Empfang. Bei nichtmetallischen Bootskörpern sind Erdungsbleche oder -bänder unterhalb der Wasserlinie für einen guten Empfang zweckmäßig.

Bild 9.1
Elektronische
Mehrbereichs-Schiffsantenne mit
(etwa) Rundempfangscharakteristik für
den Empfang in allen Fernsehbereichen
und UKW-Rundfunk (B I bis B V, 40
bis 860 MHz – mit entsprechenden
Lücken zwischen den zugelassenen
Bereichen)
Die Verstärkung der Signale erfolgt direkt
im Antennengehäuse (schlagfest und seeklimabeständig)

Ähnlich wie in Campingwohnwagen wird in Booten auch oft ein Fernsehempfang gewünscht. Dazu gibt es aus industrieller Fertigung auch dafür geeignete Rundempfangsantennen (elektronische Mehrbereichs-Schiffsantennen, die an sich für Hochsee- und Binnengewässerschiffe konzipiert sind, Bild 9.1).

Hinsichtlich des Blitzschutzes sind allgemein die üblichen Vorschriften zu beachten.

10. Unterhaltungselektronik im Campingwohnwagen (Caravan)

Campingwohnwagen werden immer beliebter, so daß auch damit zusammenhängende Fragen der Unterhaltungselektronik Beachtung verdienen. Dabei ist zu unterscheiden, ob ein solcher Wohnwagen eine metallische Außenhaut besitzt oder die Wohnzelle voll aus Plast besteht. Soweit eine metallische Außenhaut vorhanden ist, gelten hinsichtlich der Empfangsmöglichkeiten voll die für Autos gemachten Ausführungen, d. h., mit Innenantennen oder gerätegebundenen (Ferrit- und Stab-) Antennen ist kein befriedigender Empfang möglich. Bei Kunststoffaufbau sind andererseits solche Empfangsmöglichkeiten gegeben.

Normalerweise werden Geräte in Wohnwagen nur während des Stillstands betrieben. Eine ausreichende Befestigung – unbedingt während der Fahrt – ist aber zweckmäßig. Alle für Autoanwendung geeignete Empfangs- oder sonstige Unterhaltungselektronik ist auch voll für Wohnwagen geeignet. Hinzu kommt noch, daß in diesem Fall natürlich auch z. B. Kofferradios bei Plastanhängern voll entsprechend ihrer eigentlichen Funktion verwendet werden können.

Meist jedoch wird es als vorteilhaft angesehen, wenn die Stromversorgung aus der Autobatterie bzw. Eigenbatterie des Anhängers erfolgen kann, z. B. ist dies bei Fernsehempfängern oft notwendig, da gerätegebundene Kleinbatterien sehr schnell erschöpft sind.

In jedem Fall empfiehlt sich aber, Außenantennen zu verwenden (für Radio und evtl. Fernsehen). Der Empfang wird damit im allgemeinen wesentlich verbessert – entsprechende Autoantennen sind geeignet.

Für den Fernsehempfang sind Außenantennen aber meist erforderlich. Dabei besteht einerseits die Möglichkeit, auch für diese Zwecke spezielle Rundempfangsantennen für alle Bereiche zu verwenden, die z. B. für Schiffseinsatz vorgesehen sind (Bild 9.1). Damit ist oft ein guter Empfang möglich, ohne daß es einer besonderen Ausrichtung der Antenne bedarf. Geeignet sind solche Typen beispielsweise auch für Touristikbusse, in denen Fernsehempfang geboten werden soll. Da die Richtdiagramme aber nicht immer genau kreisrund sind, kann eine Drehung der Antenne bei Stillstand zu einem besseren Empfang führen. Grundsätzlich liefern aber z. B. spezielle Caravan-Antennen einen besseren Empfang (Bild 10.1).

Dies sind Breitband-Richtantennen, gegebenenfalls mit eingebautem, extrem rauscharmem Verstärker. Damit werden im Vergleich zur Normalausstattung die Empfangsergebnisse relativ großer und damit leistungsfähiger Richtantennen erreicht. Diese müssen dann am Standort auf optimalen Empfang ausgerichtet werden. Oft sind solche Antennen auch mit verstellbaren Leichtmetallmasten in der Höhe veränderlich (während der Fahrt müssen sie natürlich eingezogen werden). Um diese Antennen in mechanischer Hinsicht zu schützen, sind sie gegebenenfalls mit einem Plastgehäuse zu verkleiden. Natürlich können auch Heim-Breitbandantennen (Hochantennen) benutzt werden, aber den mechanischen Beanspruchungen beim Caravan-Einsatz halten diese meist nicht lange stand. Sie sind außerdem auch für diese Zwecke umständlicher zu handhaben. Soweit durch solche Antennen eine Blitzeinschlagmöglichkeit gegeben ist, ist in der

DDR eine Erdung bei ständiger Benutzung bzw. eine Einholung der Antenne bei Herannahen eines Gewitters vorgeschrieben. Zum Beispiel ist auch eine Erdung bei Netzstromanschluß des Campinganhängers in Verbindung mit FI- oder FU-Schutzschaltungen zweckmäßig.

a) in Fahrposition

Bild 10.1
Spezielle Caravan-Fernsehantenne (mit Schutzverkleidung) an einem Teleskopmast an der Frontseite eines Caravans

b) Mast ausgeschoben und Antenne ausgerichtet

Bei stehendem Motor gibt es grundsätzlich keine Entstörprobleme im Wohnwagen, außer beim Betrieb beispielsweise von Benzin-Standheizungen (Gebläse, elektrische Benzinpumpe) und Lüftern. Bei laufendem Motor sind auch im Wohnwagen die gleichen Störungen wie im Auto selbst vorhanden – d. h., eine entsprechende Entstörung ist unerläßlich. Ein Einschalten des Motors wäre z. B. notwendig, um die Batterie nachzuladen, was ja mit Drehstromlichtmaschinen bereits bei relativ kurzzeitigem Betrieb im Leerlauf des Motors möglich ist – natürlich soweit dies zulässig bzw. zumutbar ist.
Liegen im Wohnwagen keine eindeutigen Massebedingungen (Plastaufbau) vor, dann sind alle Anschlüsse von Störern (auch Masse und Minus) mit Entstörmitteln (Filtern) zu beschalten (s. auch Abschn. 7.8.1.).

Zusammenfassend gelten also alle für den Autobetrieb gegebenen Hinweise auch für Campinganhänger in Verbindung mit den spezifischen Bedingungen und Anforderungen.

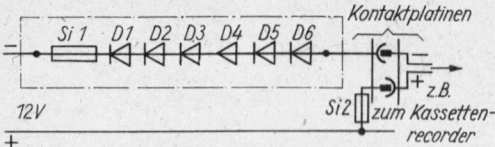

Bild 10.2
Dioden-Reihenschaltung zur
Spannungsherabsetzung für Geräte

Hinweis: Bei verschiedener Polarität von Kfz- und Gerätestromversorgung sowie je nach Anordnung der Dioden am Minus- oder Pluspol besteht u. U. bei Berührung von Kfz-Masse und Gerätemasse Kurzschlußgefahr; es ist also auf entsprechende Isolation und Anordnung zu achten!

Bild 10.3. Stromversorgung für Gerätetechnik in Wohnwagen

(In der Mitte ist ein Transverter für 220-V-Wechselstrom hinter der metallischen Abdeckplatte eingebaut, auf der der Frequenzregler erkennbar ist. Darüber befindet sich die 220-V-Steckdose – auf der Abschrägung – und eine Glimmlampe zur Spannungskontrolle. In der unteren Reihe – v. l. nach r. – sind der Primärstromkreisschalter des Transverters, eine Kfz-Handlampensteckdose und eine Kfz-Zigarrenanzündersteckdose der Bordspannung montiert.)

Bei länger dauernder relativ hoher Stromentnahme durch Geräte und z. B. Beleuchtung in Wohnanhängern empfiehlt sich, eine Eigenbatterie im Anhänger zu verwenden, um gegebenenfalls die Kapazität der Autobatterie für das Starten voll verfügbar zu haben. Die Stromzuführung vom Auto zum Caravan erfolgt dabei über eine Silizium-Leistungsdiode entsprechender Belastbarkeit (größer als 30 A), damit beim Starten kein Rückstrom über das Anhängerkabel mit seinem relativ kleinen Querschnitt fließen kann. Während des Stillstandes wird dabei die Stromzuführung der Plus-(Versorgungs-)Leitung (Klemme 54 g) vom Auto zum Caravan beispielsweise über ein vom Zündschloß (Klemme 15) gesteuertes Relais im Auto unterbrochen. Während des Motorlaufs wird automatisch die Caravan-Batterie wieder aufgeladen, und die Stromversorgung des Caravans und Autos ist damit eigenständig. Oft ist es wünschenswert, Geräte der Unterhaltungselektronik im Caravan zu betreiben, die eine niedrigere Batteriespannung als 12 V haben. Nahezu unabhängig vom entnommenen Strom kann das durch Vorschalten einer entsprechenden Anzahl von Halbleiterdioden in Durchlaßrichtung geschehen. An jeder Diode fällt dabei eine Spannung von etwa 0,5 V (Ge-Dioden) oder 0,7 V (Si-Dioden) ab (Schwellspannung). Eine praktische Anordnung solcher Dioden zur Spannungsherabsetzung zeigt Bild 10.2. Zweckmäßig schafft man eine entsprechende universelle Stromversorgung für den Anschluß verschiedener Geräte im Caravan (Bild 10.3).

11. Gebrauchsanweisung für die Bohrschablonen

1. Hinweise in den Abschnitten 6. und 8. beachten
2. Benötigte Schablone ausschneiden (in der Lasche am Schluß des Buches)
3. Schablone auf die angegebene Karosseriefläche auflegen oder aufkleben und Montageloch (bzw. Montagelöcher) bohren
4. Schablone entfernen und Antenne montieren
5. Soll (mit den dafür geeigneten Schablonen) die Antennenmontage an der anderen Fahrzeugseite vorgenommen werden, so ist die Mitte der Bohrung bzw. Bohrungen für die Antenne auf der Rückseite zu markieren. Es ist also eine gespiegelte Schablone herzustellen (Schablone gegen eine Fensterscheibe halten, so daß die Bezeichnungen durchscheinen, und die Rückseite entsprechend markieren), die dann wie beschrieben zu verwenden ist.

12. Anhang

Es ist nicht Aufgabe dieses Buches, das aktuelle Geräteangebot aufzuzeigen – dies ist Sache der Hersteller und des Handels sowie eigener Bemühungen, zumal in einem Fachbuch aus den verschiedensten Gründen eine aktuelle, vollständige Darstellung auch gar nicht möglich ist.
Vielmehr kommt es darauf an, die Technik an sich zu erläutern. Da jedoch eine möglichst komprimierte Darstellung des Angebots für den Interessenten wünschenswert und informativ sein kann, wird in Tafel 12.1 (s. Beilage) eine Übersicht über das gegenwärtige Angebot der verschiedenen Handelsformen in der DDR und einigen Nachbarländern gegeben. Es ist selbstverständlich, daß diese Übersicht des Angebots nicht vollständig sein kann und einer stetigen Veränderung und Ergänzung bedarf. Die Darstellung gilt deshalb nur mit allen entsprechenden Vorbehalten. Die Tafel kann jedoch dem einzelnen Interessenten eigene Recherchen zum Teil abnehmen.
Ebenso vielfältig wie das Geräteangebot ist das Gebiet der Fahrzeugentstörung. Auch dieser Tatsache wird durch eine komprimierte Darstellung in Tafel 12.2 (in der Lasche der Rückseite) Rechnung getragen, und zwar für häufig in der DDR anzutreffende PKWs.

Literaturverzeichnis

I. Fachbücher

[1] Fiebranz, A.: Antennenanlagen für Rundfunk- und Fernsehempfang. Berlin-Borsig-walde: Verlag für Radio-Foto-Kinotechnik GmbH 1961.

[2] Mende, H. G: Antennenpraxis. 12. Auflage. München: Franzis-Verlag 1965.

[3] Rothe, G.; Spindler, E.: Antennenpraxis. 3. Auflage, Berlin: VEB Verlag Technik 1968.

[4] Warner, A.: Taschenbuch der Funk-Entstörung. Berlin-Charlottenburg: VDE-Verlag GmbH 1965.

II. Fachzeitschriften

[1] Grund, R.: Störungen an der elektrischen Anlage. Der deutsche Straßenverkehr 14 (1966) 12.

[2] Grund, R.: Störungen an der elektrischen Anlage. Der deutsche Straßenverkehr 15 (1967) 1.

[3] Gerold, S.: Scheibenwischeranlage mit Pausenschaltung. Der deutsche Straßenverkehr 15 (1967) 11.

[4] Bosch, G.: Gleichspannungswandler 6 V/12 V mit und ohne „Eisen". Funkamateur 25 (1976) H. 7, S. 336 u. 337.

[5] Wirth, H.: 300-W-Transverter von 12 V auf 220 V/50 Hz. Funkamateur 32 (1983) H. 1, S. 31–33.

III. Folgende Firmen stellten Unterlagen zur Verfügung:

VEB Antennenwerke Bad Blankenburg
„ara" Boulogne-Sur-Seine
Becker Autoradio, Ittersbach
BERU-Verkaufsgesellschaft mbH, Ludwigsburg
Blaupunkt-Werke GmbH, Hildesheim
Bosch GmbH, Stuttgart
VEB Fahrzeugelektrik, Karl-Marx-Stadt
Graetz
R. Hirschmann, Eßlingen (Neckar)
VEB Keramische Werke Hermsdorf
VEB Keramische Werke Neuhaus
VEB Kondensatorenwerk Freiberg
VEB Kondensatorenwerk Gera
National, Japan
VEB Werk für Fernsehelektronik, Berlin-Oberschöneweide
VEB Halbleiterwerk Frankfurt (Oder)
SANYO ELECTRIC Co.,LTD., Osaka, Japan (Vertrieb der Erzeugnisse in der DDR: VEB Industrievertrieb Rundfunk und Fernsehen, Leipzig)
SONY, Japan
VEB Elektrotechnik Eisenach
VEB Fernsehgerätewerke Staßfurt
VEB Stern-Radio Berlin
Kombinat VEB Elektronische Bauelemente,
Stammbetrieb „Carl von Ossietzky" Teltow
Tesla-Werke ČSSR

Unitra, VR Polen
Videoton, Ungarische VR

IV. Gesetzliche Bestimmungen und Empfehlungen

[1] TGL 8836 Bl. 3:	Hör-Rundfunkempfänger, Technische Forderungen für Autoempfänger
[2] TGL 8837:	Hör-Rundfunkempfänger in Kraftfahrzeugen, Einbaumaße
[3] TGL 200-7026 Bl. 1 u. Bl. 2:	Antennen für Kraftfahrzeuge
[4] TGL 20885 Bl. 1 bis Bl. 5:	Funk-Entstörung
[5] TGL 20886:	Sicherheitsbestimmungen für die Anwendung von Funk-Entstörelementen
[6] Gesetzblatt II Nr. 28 v. 6. 4. 1967:	Anordnung zum Schutz des Funkempfanges vor Beeinträchtigungen durch funkstörende Erzeugnisse – Funk-Entstörungsordnung
[7] StVZO v. 28. 5. 1982 3. DB § 4(1)c)	Fahrzeughöhe über alles 4,00 m
[8] VDE 0879, Teil 1:	Regeln für die Fernentstörung der Hochspannungs-Zündanlagen von Ottomotoren
[9] VDE 0879, Teil 2:	Richtlinien für die Nahentstörung

Bildquellennachweis

Von folgenden Firmen wurden freundlicherweise Bilder zur Verfügung gestellt:

Akkord-Radio GmbH, Herxheim
VEB Antennenwerke Bad Blankenburg
BERU-Verkaufsgesellschaft mbH, Ludwigsburg
Blaupunkt-Werke GmbH, Hildesheim
VEB Fahrzeugelektrik, Karl-Marx-Stadt
R. Hirschmann, Eßlingen (Neckar)
Pressedienst des Kombinats Rundfunk und Fernsehen, Leipzig
Tesla, ČSSR

Sonstige Fotos: Autor

Zeichnungen: VEB Verlag Technik nach Angaben des Autors

Sachwörterverzeichnis